INTRODUCCIÓN A LA MEDICIÓN DE LA BIODIVERSIDAD

Dr. Antonio Mijail Pérez

Miami, 2015

INTRODUCCIÓN A LA MEDICIÓN DE LA BIODIVERSIDAD

Dr. Antonio Mijail Pérez

Miami, 2015

E mails: mijail64@gmail.com / Antonio.mijail.perez@gmail.com

Skype: antonio.mijail.perez

PALABRAS INICIALES

Los capítulos incluidos en este libro comprenden total o parcialmente varios cursos que he impartido en el nivel académico de Postgrado y en el de Grado, principalmente en la Universidad Centroamericana, de Managua, Nicaragua y en la Universidad de la Habana, Cuba, aunque también en otros países como Costa Rica y España. Los ejemplos incluidos han sido tomados en su mayoría de proyectos de investigación que he coordinado o dirigido.

Este libro, de interés esencialmente pedagógico, es producto por entero de la investigación, sin esta, el libro sería de poco o ningún interés para los estudiantes. Para llegar hasta este punto ha pasado mucho tiempo y, en este sentido, quiero aprovechar la oportunidad de agradecer a las personas que han tenido una mayor influencia en mi trabajo metodológico-estadístico. Entre ellos puedo citar a los Drs. Robert Blackith (Trinity College, Dublín, UK), Andras Démeter (Academia de Ciencia de Hungría), Alejandro Herrera (Instituto de Oceanología, Ministerio del Ambiente de Cuba), Jorge Luis Fontenla (Museo de Historia Natural, Ministerio de Cultura de Cuba), Carlos Prieto (Universidad del País Vasco, España) y Antonio Sigarroa (Universidad de la Habana, Cuba).

Quiero agradecer también a la Dra. Isabel Siria, Consultora Internacional, y al Lic. Marlon Sotelo, profesor ayudante de las asignaturas de Bioestadística y Estadística, por su colaboración en diferentes aspectos de este libro, así como en los proyectos de investigación que hemos llevado a cabo conjuntamente en los últimos años.

La diversidad biológica
(la *biodiversidad*, en el nuevo lenguaje)
es la clave para mantener al mundo
tal como lo conocemos.

E.O. WILSON
La diversidad de la vida

INDICE TEMÁTICO

CAPÍTULO I.- Técnicas de muestreo.

En el siguiente capítulo se presentan métodos de muestreo para la toma de datos de campo, métodos basados en diseños probabilísticos y no probabilísticos. Se aborda el tema de las unidades de muestreo, naturales y artificiales y también el cálculo del tamaño de muestra en poblaciones y comunidades.

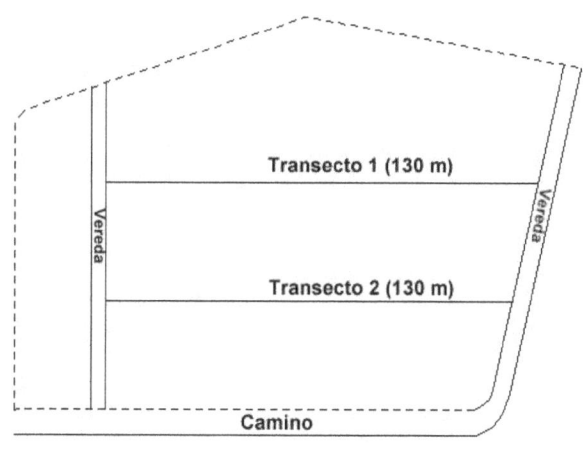

1.1. INTRODUCCIÓN.

Se entiende por muestreo el plan o diseño con arreglo al cual se lleva a la práctica el recuento de los animales o plantas en unidades de muestreo de tamaño y número ya fijados. En otras palabras, si se ha decidido que un cierto muestreo estará compuesto de 100 unidades de tamaño 1x1 m, ¿cómo proceder?. Para responder a esta pregunta se estudiarán los principales programas de muestreo utilizados para estimar parámetros en ecología de poblaciones y comunidades.

1.2. LAS UNIDADES MUESTRALES.

Concepto: una unidad de muestreo es una entidad donde de manera natural se distribuye o se encuentra parte de los elementos muestrales de la población, aunque también puede ser definida como un artilugio de diseño humano concebido en función de la biología de la especie de estudio y que se emplea para estimar algún atributo de la población en cuestión.

Tipos de unidades muestrales:

I. Naturales: Troncos de árboles, tocones, estiércol, rocas, troncos de árboles podridos, corales, etc.

II. Artificiales:

A. Cuadráticas: Parcelas, transectos, cuadrantes, redes (agalleras y de niebla, Fig. 1), chinchorros, etc.

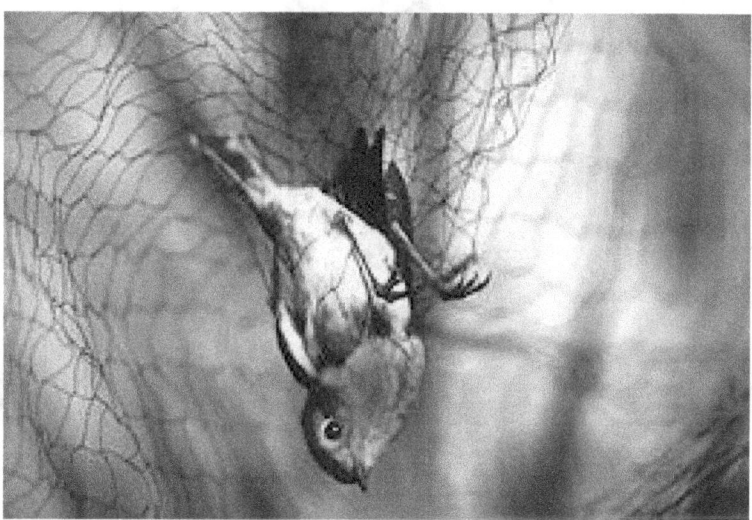

Fig. 1.- Red de niebla para aves.

B. Volumétricas: Dragas (Fig. 2), émbolos, etc.

Fig. 2.- Ejemplo de draga (Tomado de Ben Meadows, 1998).

C. Trampas (trampas Sherman, Havahart, etc.) (Fig. 3).

Fig. 3.- Trampa Sherman (Tomado de Ben Meadows, 1998).

1.3. TIPOS BÁSICOS DE MUESTREO Y APLICACIONES.

1.3.1. Diferencias entre censo y muestreo.

Censo: Es el conteo o enumeración de todos los individuos sobre un área determinada en un momento dado o en un intervalo dado de tiempo en un punto definido del espacio.

1.3.2. Tipos de censo.

1. Método del mapeo territorial.

A. Prueba de la T cuadrada.
B. Vecino más próximo.
C. Índices de dispersión.

2. Recuento por ahuyentamiento.
3. Censos aéreos.
4. Censos por captura total o exterminación.
5. Métodos que implican trabajo con signos, huellas, estructuras, etc.

Censos:

1) Método del mapeo territorial. Como parte de este grupo de métodos sólo nos vamos a referir a método o prueba de la T cuadrada.

A. Prueba de la T cuadrada (Fig. 4). Este método permite determinar los patrones espaciales en poblaciones, lo cual está fuera del ámbito de interés de este libro, pero teniendo en cuenta la escasez de bibliografía sobre este tema existente, sobre todo en idioma español, considero que es oportuno incluir un ejemplo sobre el mismo.

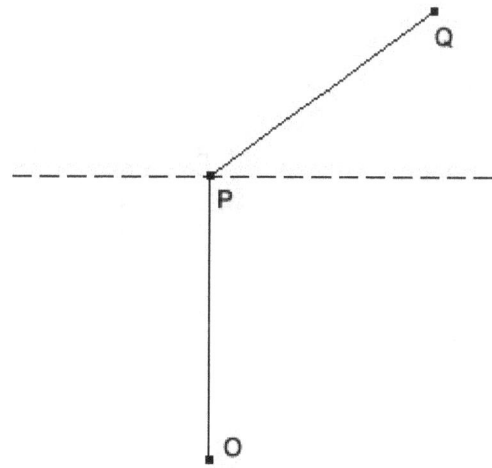

Fig. 4.- Método de la T cuadrada (Tomado de PÉREZ, 2001).

Este es un método de distancia que implica la medición de pares de distancias punto-individuo más cercano (X_i) e individuo-vecino más próximo (Y_i).

Ejemplo: Se muestrearon un total de 18 seleccionados sistemáticamente cada 10 m en dos transectos de 130 m cada uno practicados dentro del área de estudio (Fig. 5, Cuadro 1). En el primer transecto se recolectó en 13 puntos y en el segundo cinco puntos.

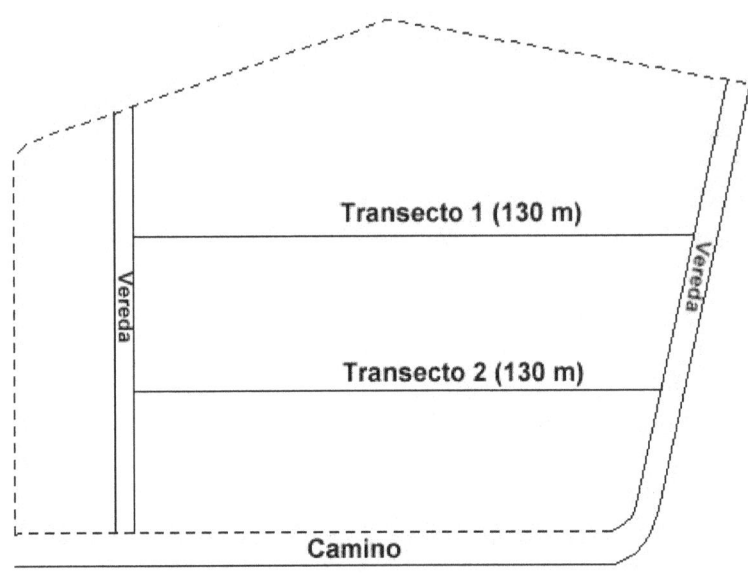

Fig. 5.- Diseño espacial del muestreo.

Cuadro 1.- Valores de las distancias punto-individuo e individuo- vecino más próximo.

	Transecto 1			Transecto 2	
Punto	Distancia (X_i)	Distancia (Y_i)	Punto	Distancia (X_i)	Distancia (Y_i)
1	3.20	6.60	1	5.40	6.35
2	4.20	5.90	2	10.8	7.90
3	3.15	3.90	3	1.30	7.90
4	10.0	4.00	4	4.10	6.15
5	0.00	0.00	5	10.6	4.45
6	6.10	5.30			
7	7.20	0.00			
8	15.1	4.90			
9	1.22	7.10			
10	0.95	1.85			
11	6.97	4.80			
12	6.80	0.85			
13	4.15	5.30			

Para la aplicación de este método es necesario observar la condición de que el ángulo OPQ descrito por las distancias entre los sub-puntos medidos en cada punto debe ser mayor que 90°.

Los patrones espaciales se estimaron mediante la aplicación del índice C (LUDWIG & REYNOLDS, 1988) según la expresión:

$$C = \frac{\sum_{i=1}^{n} [X_i^2 / (X_i^2 + 1/2 Y_i^2)]}{N} \quad \text{donde:}$$

X_i: distancias punto-individuo
Y_i: distancias individuo-vecino más cercano
N: número total de puntos muestreados

También se calculó el índice I de JOHNSON Y ZIMMER (1985) que considera solo las distancias punto-individuo, cuya expresión es:

$$I = (N+1) \frac{\sum_{i=1}^{n} (X_i^2)^2}{\sum_{i=1}^{n} (X_i^2)^2}$$

La significación del índice C se obtuvo mediante el estadístico z para α = 0.05 comparándolo contra z = 1.96, según la expresión:

$$z = \frac{C - 0.5}{\sqrt{(1/12N)}}.$$

Para el índice I la expresión de z para el mismo nivel de significación es:

$$z = \frac{I - 2}{\sqrt{[4(N-1)/(N+2)(N+3)]}}$$

el cual se compara contra los valores tabulares de z para la distribución normal estándar (α = 0.05).

La hipótesis nula inicial en trabajos de este tipo, es que los individuos de la población estudiada se disponen al azar en el espacio que ocupan. La hipótesis alternativa es lo contrario y puede estar dirigida en dos sentidos: existencia de un patrón uniforme o agrupado en los individuos de la población.

Para averiguar esto existen un grupo de índices que se comparan contra determinados valores teóricos de referencia.

Para el índice C (LUDWIG & REYNOLDS, 1988) los valores teóricos propuestos son:

  0.5 patrón al azar
> 0.5 patrón agrupado
< 0.5 patrón uniforme.

Para el índice I de Johnson y Zimmer (1985) los valores de referencia son:

  2 patrón al azar
> 2 patrón agrupado
< 2 patrón uniforme.

Para la determinación de la densidad en la especie estudiada se emplearon los índices de COTTAM y CURTIS (1956) y DIGGLE (1983) que se basan en métodos de muestreo de distancia como el detallado anteriormente.

El índice de Cottam y Curtis (1956) se calcula mediante la expresión:

$$D = \frac{10\,000}{2\,[X_i\,(m)]^2} \quad \text{y se expresa en Ha (hectáreas)}$$

El índice de densidad de Diggle (1983) se aplica cuando la población estudiada presenta un patrón de dispersión agrupado, y calcula mediante la expresión:

$$D_3 = \sqrt{N_1 \times N_2}$$

La expresión anterior a su vez, requiere el cálculo previo de los índices N_1 y N_2 de Byth y Ripley (1980):

$$N_1 = \frac{N}{\pi \sum X_i^2} \qquad N_2 = \frac{N}{\pi \sum Y_i^2}$$

Comentarios sobre los patrones espaciales de dispersión:

Los datos tomados para cada punto muestreado de las distancias punto-individuo (X_i) e individuo-vecino más próximo (Y_i) aparecen en el Cuadro 1.

Se debe destacar que solo se consideraron las distancias hasta los árboles visibles, de modo que aquellos cuyo conteo fuera impedido por la interferencia de la vegetación circundante no fueron registrados. Un ejemplo de esto es el punto 3 del transecto número 1.

El cálculo del índice C arrojó un valor de 0.59, lo que apunta hacia la existencia de patrones agrupados entre los individuos de la población estudiada ($z = 1.43$, $p < 0.05$). Según PEMBERTON y FREY (1984) los patrones de dispersión no al azar sugieren que existen interacciones de diferente tipo en las poblaciones. En particular los patrones agrupados apuntan en el sentido de que los individuos se reúnen en zonas más favorables de hábitat, lo cual parece ser el caso de *Wigandia urens*.

BARBOUR *et al.* (1987) plantearon que los primeros estadios de la sucesión vegetal están caracterizados por especies de crecimiento rápido, reproducción temprana, alta dependencia de la luz en toda su vida y alta tasa de fotosíntesis.

CLARK (Com. Per.) enfatiza la importancia de la disponibilidad de luz en la dinámica de las especies pioneras, que es caso de la especie en estudio, por lo que aparentemente estas se encuentran agrupadas en los parches donde hubo condiciones favorables de luz en el momento de la dispersión de las semillas.

Las presentes observaciones de campo apuntan en este mismo sentido, ya que en áreas con alta cobertura de vegetación, es rara la presencia de plántulas pequeñas.

El índice I de JOHNSON y ZIMMER (1985) confirmó lo hallado mediante el cálculo de C, con un valor $I = 2.62$ ($z = 3.1$, $p < 0.05$), lo cual asegura la existencia de un patrón espacial agrupado entre los individuos de la población de la especie estudiada en esta formación secundaria.

Aunque se ha demostrado que los índices de dispersión que implican la medición de distancias punto-individuo solamente, muestran varias limitaciones (Godall & West, 1979) se calculó el índice de JOHNSON y ZIMMER (Op. cit.) que según LUDWIG y REYNOLDS (1988) es un poderoso indicador de patrones de dispersión.

Aspectos del marco teórico general:

Numerosos autores abordan el estudio de los patrones espaciales sin deslindar claramente si estos se refieren a comunidades o poblaciones, no obstante, si partimos de lo planteado por ODUM (1986) quien enumera ésta entre las propiedades de las poblaciones biológicas es posible lograr en mi opinión un acercamiento más claro al problema tanto desde el punto de vista teórico como práctico.

Todo lo anterior, debe ser analizado también desde la perspectiva de que las poblaciones en la naturaleza desarrollan dos tipos generales de interacciones, de tipo intraespecífico en primer lugar, y en segundo lugar, como parte de comunidades y a su vez de ecosistemas. Este segundo tipo de interacciones organismo-ambiente, o de nicho ecológico (HUTCHINSON, 1953; SILVA & BEROVIDES, 1982) presentan otras características y otro nivel de complejidad que las relaciones intraespecíficas independientemente.

1.3.2.2. Recuento por ahuyentamiento.

Este tipo de censo suele ser utilizado en animales grandes, sobre todo en mamíferos de las sabanas en Africa y Asia, aunque también se utiliza en aves.

1.3.2.3. Censos aéreos.

Este método, al igual que al anterior, suele ser utilizado en animales grandes, sobre todo en mamíferos de las sabanas en Africa y Asia, aunque también se utiliza en aves, pero dado que se utiliza una avioneta o helicóptero para realizar las observaciones, es un método más caro.

1.3.2.4. Censos por captura total o exterminación.

Se refiere a la extracción y recolecta de todos los individuos de una población o comunidad que habite en ecosistema determinado. En la bibliografía revisada se alude sobre todo a elementos floro-faunísticos procedentes de cuerpos de agua de tamaño pequeño y mediano.

1.3.2.5. Métodos que implican trabajo con signos, huellas, estructuras, etc.

En numerosas ocasiones los biólogos que trabajamos con fauna tenemos que trabajar con huellas de las especies que estamos estudiando. Los que trabajan con invertebrados muchas veces tienen que utilizar mudas en el caso de los artrópodos y conchas en el caso de los caracoles.

Los que se dedican al estudio de los vertebrados tienen una situación más o menos similar. En el caso de las aves es habitual utilizar los cantos para identificar las especies, algo parecido sucede con los anfibios. En el caso de los mamíferos, es frecuente utilizar huellas.

1.3.3. Tipos de muestreo.

1. Los que no implican seguimiento del material de estudio (No probabilístico y Probabilístico).

2. Los que implican seguimiento del material de estudio.

A. Con matenimiento en condiciones naturales después de la recolecta.
B. Con mantenimiento en condiciones seminaturales.

Una de las aplicaciones de este método es el cálculo de las curvas de crecimiento de alguna especie de interés. Para ello se hacen mediciones de la variable seleccionada, p. ej., la longitud y esta se mide en un tiempo T y posteriormente se vuelve a medir en un tiempo T + 1.

La curva de crecimiento se determina mediante la ecuación de Von Bertalanffy cuya expresión es la siguiente:

$$LT = L\infty\ (1\text{-}e^{-KT})\quad donde:$$

LT: longitud en el tiempo T.
L∞: longitud máxima teórica.
K: constante de crecimiento.
T: tiempo.

Los parámetros (K y L∞) se determinan mediante el método de WALFORD (1946).

3. Los que implican captura y liberación.

A. Método de marcaje y re-captura.
B. Método de múltiples capturas.
C. Múltiples re-capturas.

4. Muestreos no probabilísticos:

A. Dirigido o intencional.
B. Deliberado o convencional.
C. Por cuotas.
D. Bola de nieve.

1.5. Tipos generales de diseños muestrales probabilísticos.

A. Al azar simple.
B. Al azar estratificado.
C. Sistemático.
D. Por conglomerados.

1.3.4. Factores que afectan el muestreo.

1. Efecto de la disposición espacial y/o variación temporal de la población.

Según RABINOBICH (1978), la disposición espacial de las poblaciones puede seguir en general tres tipos de patrones o las combinaciones de ellos:

A. Patrón al azar,
B. Patrón uniforme.
C. Patrón agregado o agrupado.

El conocimiento de estos patrones es muy importante para el correcto diseño de la estrategia de muestreo a seguir así como la *escala* de muestreo, es decir, el tamaño de las unidades muestrales y la elección del tipo de las mismas.

Si la disposición espacial de los individuos es al azar, el tamaño de cada unidad de la muestra no importa y se elige solo por conveniencia práctica. Cuando, y esto es lo mas común, la disposición espacial deja de ser al azar, y pasa a ser contagiosa, la varianza de la distribución es máxima cuando el tamaño de cada unidad de muestra es aproximadamente igual al área media de los agregados de los individuos. Como es poco menos que imposible determinar a priori la escala de esos arreglos, y como estos se repiten muchas veces a escalas mayores, el tamaño de cada unidad de muestra se elige arbitrariamente.

La distribución temporal también puede afectar profundamente los resultados del método de muestreo, ya que cada especie animal tiene su propio ritmo de actividad y comportamiento. Mas adelante se verá su importancia en el muestro sistemático, donde se tiene en cuenta estos efectos.

2. Efectos metodológicos instrumentales y personales.

Cuando se realiza un proyecto de investigación en biodiversidad, o en cualquier otro campo del conocimiento, es muy importante que als mediciones y/o los análisis sean siempre realizados, dentro de lo posible, con los mismos equipos e instrumentos. Esto evita o reduce notablemente el sesgo que se introduce por vía instrumental

Lo mismo es aplicable para el caso de los investigadores. De ser posible deben ser siempre el mismo investigador el que realice cierto tipo de mediciones a lo largo de un proyecto determinado. De esta manera sólo se introducirá el error experimental asociado con esta persona, el cual disminuye a lo largo de la repetición de lecturas o mediciones.

3. Efecto de la técnica de captura.

Si es necesario capturar a los animales, se debe poner mucho cuidado en las técnicas de captura que se apliquen, que estas no causen excesivo stress al individuo de modo que este pueda seguir desarrollando su nicho ecológico de manera normal. Si se trata de aplicar el método de marcaje y re-captura esto es vital por cuanto, si se afecta el comportamiento del individuo este podrá ser más o menos susceptible a ser re-capturado en un tiempo $T + 1$, y esto puede sesgar ostensiblemente nuestras investigaciones.

4. Efecto de la variabilidad en la respuesta de los animales.

Es muy importante también, tener en cuenta que las diferentes especies de animales, debido a aspectos intrínsecos de su biología reaccionan de modo diferente ante la recolecta y/o la manipulación.

1.3.3.4. Muestreos no probabilísticos (Según BONILLA (1993) y RODRÍGUEZ (2001):

A. Dirigido o intencional.
B. Deliberado o convencional.
C. Por cuotas.
D. Bola de nieve.

A. Dirigido o intencional: Consiste en seleccionar las unidades muestrales según el juicio de los investigadores, dado que las unidades gozan de representatividad.

B. Deliberado o convencional: Consiste en tomar una muestra por su cómoda accesibilidad.

C. Por cuotas: Es una técnica corriente en las encuestas de opinión pública. El investigador selecciona de acuerdo a su criterio un número determinado de individuos u objetos (cuota) de cada uno de los sectores de la población. Por ejemplo, podría entrevistar a 25 señoras de los mercados, 30 obreros, 20 estudiantes, etc.

D. Bola de nieve: Este es el nombre con que se describe la técnica de recoger información en cascada. Se entrevista a algunos informantes claves que a su vez sugieren a otros y así sucesivamente.

1.3.3.5. Tipos generales de diseños muestrales probabilísticos.

1. Muestreo al azar simple.
2. Muestreo al azar estratificado.
3. Muestreo sistemático.

Aunque las características de aleatoriedad o azar intervienen en muchos programas de muestreo, hay solo dos que son por completo al azar: el muestreo al azar simple y el muestreo al azar estratificado.

1. Muestreo al azar simple:

Este tipo de muestreo, conocido también como muestreo al azar no restringido, muestreo al azar sin reemplazo o simplemente muestreo al azar, es un método que permite seleccionar **n** unidades de muestreo de entre **N** unidades posibles, de tal manera que cada una de las posibles combinaciones de selección tenga las mismas probabilidades de ser elegida. De una manera más rigurosa se puede decir que si el total de posibles muestras es **N**, entonces el número de **combinaciones** de **n** muestras tomadas de entre un total de **N** está dado por:

$$C \underset{N}{} {}_n = N \underset{n}{} = \frac{N!}{n!(N-n)!}$$

En la práctica esto se logra de manera sencilla numerando las N unidades de 1 a N y eligiendo de entre ellas n por algún método confiable al azar (lo más común es recurriendo a una tabla de números al azar). Debe recalcarse que no pueden repetirse las unidades muestrales en una misma muestra; así por ejemplo, si se ha usado una tabla de números al azar y un número sale más de una vez, entonces la segunda, tercera, etc vez que aparezca se ignora. Por esta razón a veces este tipo de muestreo al azar se denomina sin reemplazo.

Ejemplo. Supóngase que N=50 y se quiere n=10. Tómense dos columnas de la tabla de números aleatorios, digamos la 25 y la 26. Recórrase hacia abajo cada columna seleccionado los 10 primeros números distintos entre 01 y 50, estos son: 3, 50, 36, 41, 34, 12, 14, 18, 01, 46. Para concluir el trabajo fue necesario saltar a las 27 y 28.

Deficiencias del método:

1) Como es un método completamente al azar muchas veces se eligen parcelas contiguas y en ocasiones un área más o menos extensa queda desestimada.

2) Es necesario tener determinados recursos para poder enmarcar las unidades de muestreo, p. ej. parcelas ya que se requiere que estas estén muy bien delimitadas para poder trabajar de esta manera.

El método aleatorio es muy sugerido para trabajos de laboratorio o entidades discretas que no estén dispuestas unas junto a las otras en el espacio.

2. Muestreo al azar estratificado.

El proceso consiste en dividir la población en grupos llamados estratos. Dentro de cada estrato, los elementos están situados de manera más homogénea con respecto a las características en estudio. Para cada estrato se toma una sub-muestra, mediante el proceso aleatorio simple. La muestra global se obtiene combinando las sub-muestras de todos los estratos.

El beneficio de proceder mediante un muestreo estratificado aleatorio es conseguir más precisión en las estimaciones, al agrupar elementos con características comunes. Para lograr esto la subdivisión de la población en estratos se debe realizar de manera que cada estrato sea muy homogéneo comparado con la población total; de esta manera al dividir la población en varias sub-poblaciones homogéneas y no superpuestas que abarquen la población total se aumenta la eficiencia del muestreo, ya que una pequeña muestra de cada uno de los estratos será suficiente para obtener una estimación precisa de la media de cada estrato.

Exagerando se pudiera concebir que cada estrato estuviese constituido por elementos idénticos, con lo cual bastaría tomar un solo elemento de cada estrato y así la representatividad de la muestra total sería perfecta.

3. Muestreo sistemático.

En este muestreo las muestras se ordenan de acuerdo con algún criterio, tanto en el orden espacial como en el temporal. Supóngase que las N unidades pueden numerarse desde 1 hasta N en algún orden. Para seleccionar una muestra de n unidades se toma al azar una unidad de entre las primeras k unidades.

$$K = \frac{N}{n}$$

Por ejemplo si se tiene una N= 80 y se quiere una n= 10, entonces:

$$K = \frac{80}{10} = 8$$

El primer número al azar entre 1 y 8 es, por ejemplo, 7, por consiguiente las unidades muestrales se eligen como:

7 + k, es decir,

- $= 7$
- $7 + 8 = 15$
- $15 + 8 = 23$
- $23 + 8 = 31$
- $31 + 8 = 39$
- $39 + 8 = 47$
- $47 + 8 = 55$
- $55 + 8 = 63$
- $63 + 8 = 71$
- $71 + 8 = 79$

A primera vista, el muestreo sistemático es muy diferente al muestreo aleatorio simple. En este la selección de la primera unidad determina toda la muestra.

Ventajas de este método con respecto al muestreo aleatorio simple.

1) Es más fácil sacar una muestra y a menudo, más fácil hacerlo sin cometer errores. Esta es una ventaja particular cuando la extracción se hace en el área.

2) Intuitivamente, el muestreo sistemático parece ser más preciso que el aleatorio simple. En efecto, estratifica la población en n estratos, por lo tanto podemos esperar que la muestra sistemática sea tan precisa como la muestra aleatoria estratificada correspondiente con una unidad por estrato. La diferencia radica en que con la muestra sistemática las unidades se presentan en la misma posición relativa del estrato mientras que con el muestreo aleatorio estratificado, la posición dentro del estrato se determina separadamente por aleatorización dentro del mismo estrato.

La muestra sistemática se reparte más uniformemente sobre la población y este hecho algunas veces ha dado al muestreo sistemático una precisión mayor.

Modificaciones:

1) Una modificación consiste en elegir cada unidad en el centro o cerca del centro de cada estrato. O sea que en lugar de empezar la sucesión con un número aleatorio elegido entre 1 y k, tomamos el número inicial como (k+1)/2 si k es impar y como k/2 si k es par.

2) Si estamos en el campo y no se dispone de una tabla de números aleatorios es posiblde designar arbitrariamente la primera unidad muestral dentro de k.

Un método muy interesante que puede ser considerado una variante de muestreo sistemático es el método la Varianza del Bloque Cuadrado cuyo objetivo es la estimación de los patrones espaciales de una población. Al igual que en el caso del método de la T cuadrada está fuera del ámbito de interés de este libro, pero teniendo en cuenta la escasez de bibliografía sobre este tema existente, sobre todo en idioma español, considero que es oportuno incluir un ejemplo sobre el mismo.

3.1. Método de la Varianza del Bloque Cuadrado (BQV).

Este método constituye en alguna medida una modificación del muestreo sistemático ya que implica la disposición sistemática de las unidades muestrales, en este caso cuadrantes, en el terreno.

El método de la Varianza del Bloque Cuadrado (BQV) desarrollado por GREIG-SMITH (1952) y GOODALL (1954) permite estimar los patrones espaciales de poblaciones biológicas, en el mismo se calcula la varianza del número de individuos a diferentes tamaños de agrupamientos obtenidos mediante la combinación de N cuadrantes según alguna potencia de 2 (e.g., $2^8 = 256$). La ecuación de trabajo para el agrupamiento 1 es:

$$Var (x) \ 1 = (2/N) \{[1/2 \ (X_1 - X_2)^2] + [1/2 \ (X_3 - X_4)^2] + \quad ... [1/2 \ (X_{N-1} - X_N)^2]\}$$

Donde:

N: número de cuadrantes muestreado.
X_i: conteos de individuos por cuadrantes

Considerando las limitaciones del método anterior, restringido para trabajar con alguna potencia de dos, también empleamos el método de la Varianza del Cuadrante Local de Dos-Términos desarrollado por HILL (1973) como una alternativa para el método BQV. Este método es básicamente el mismo, pero con otro esquema de agrupamiento. La ecuación de trabajo para el método TTLQV al tamaño de agrupamiento 1 es:

$$Var (x) \ 1 = \ [1/(N-1)] \{ \ [1/2 \ (X_1 - X_2)^2] \ [1/2 \ (X_2 - X_3)^2] + ... [1/2 \ (X_{N-1} - X_N)^2] \ \}$$

Las variables significan lo mismo que en BQV.

Con las varianzas obtenidas a diferentes tamaños de agrupamiento se construye un diagrama de dispersión, el cual es posteriormente comparado con los gráficos teóricos que muestran el comportamiento típico de los tres patrones básicos (Fig. 6).

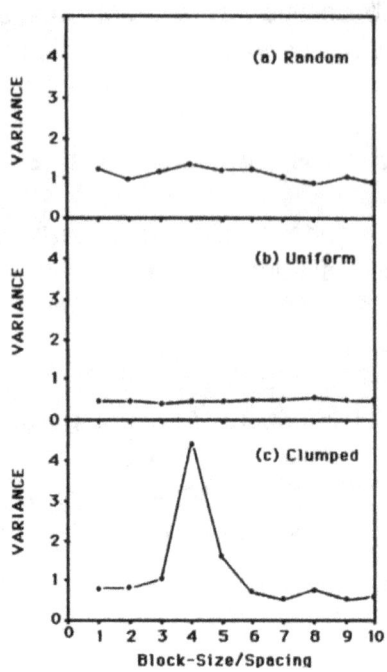

Fig. 6.- Gráficos típicos de varianzas vs tamaño de agrupamiento para los patrones espaciales a) al azar, b) uniforme, y c) agrupado (Según LUDWIG & REYNOLDS, 1988).

Ejemplo **(Tomado de PÉREZ, 2001).**

Se realizaron 121 cuadrantes contiguos a lo largo de un transecto lineal paralelo al borde de la línea de marea. Todo el muestreo fue realizado durante la misma marea con el objetivo de no mover el transecto hacia delante o hacia atrás a causa del cambio de marea. El número de individuos presentes de la especie fue contado en cada cuadrante.

Los diagramas de dispersión obtenidos mediante el método BQV (Fig. 7) muestran un comportamiento que se ajusta bien al patrón agrupado. Sin embargo, considerando el decremento de la varianza al tamaño de agrupamiento 8 y 16, y que hubiera sido necesario realizar mayor cantidad de puntos para analizar debido a las limitaciones intrínsecas del método, esto tal vez no se observa claramente.

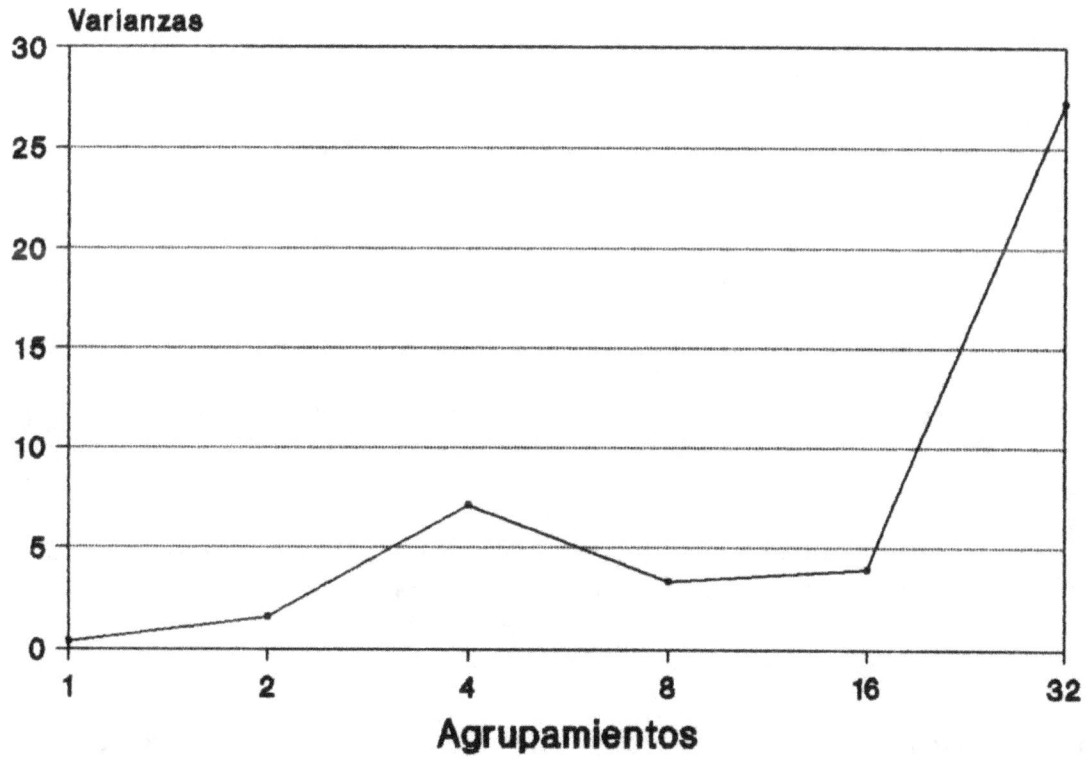

Fig. 7.- Diagrama de dispersión de la varianza vs el tamaño de agrupamiento obtenido según el método BQV.

En el diagrama de dispersión XY obtenido mediante el método TTLQV (Fig. 8) es posible realizar una interpretación mucho más clara del patrón existente. La naturaleza del método ofrece la posibilidad de tener una cantidad mucho mayor de puntos (Tamaños de agrupamiento) a considerar, según el mismo muestreo originalmente realizado. De esta manera, el diagrama de dispersión es mucho más amplio y fácil de visualizar. Por consiguiente, un patrón espacial agrupado es mucho más fácil de visualizar.

La inspección ocular de otras áreas de la playa que no fueron muestreadas, confirma nuestros cálculos y nos conduce a concluir que el patrón espacial de dispersión de la especie estudiada es ciertamente agrupado.

De la teoría conocemos que patrones al azar en poblaciones de organismos implican homogeneidad ambiental y/o un patrón conductual no selectivo. Por otro lado, patrones no al azar (agrupados y uniformes) implican que existe alguna restricción en la población. El agrupamiento sugiere que los individuos se congregan en partes más favorables del hábitat; esto puede deberse a comportamiento gregario, heterogeneidad ambiental, conducta reproductiva, etc.

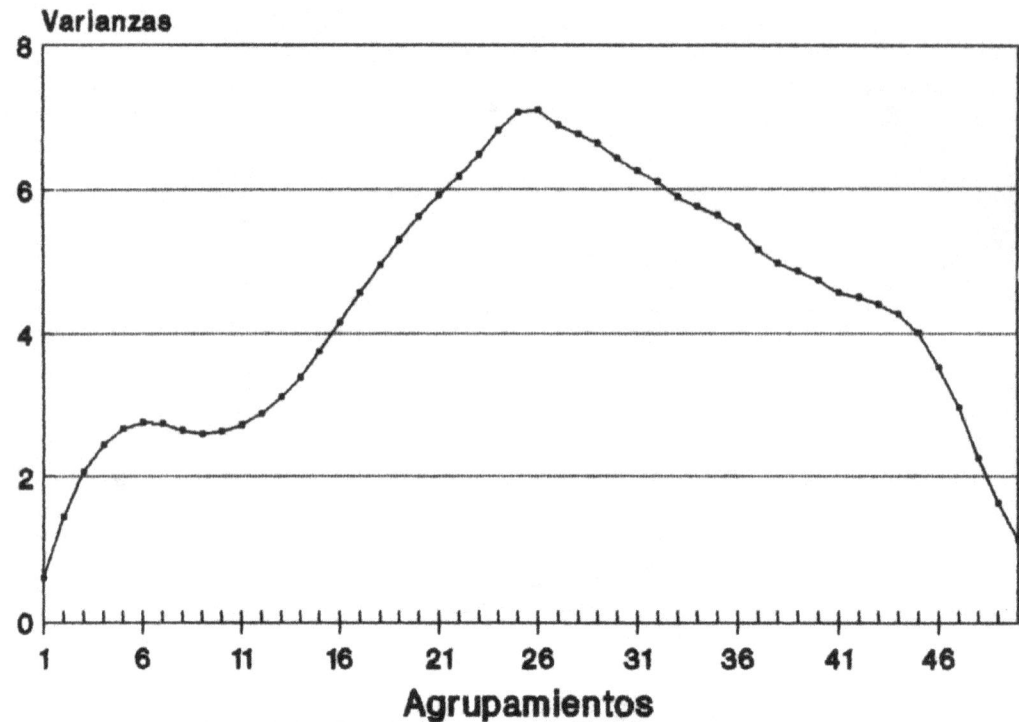

Fig. 8.- Diagrama de dispersión varianza/ tamaño de agrupamiento obtenido con el método TTLQV.

Aunque detectar un patrón espacial y explicar sus posibles causas son problemas separados (LUDWIG & REYNOLDS, 1988) nosotros en el presente trabajo discutimos brevemente algunas de las posibles causas.

Hasta donde pudimos examinar, la naturaleza de la arena a lo largo de la playa es homogénea, lo cual elimina parcialmente la posibilidad de heterogeneidad ambiental y apunta hacia la existencia de un comportamiento gregario, forma de reproducción, ambos o alguna otra razón intrínseca.

No debe olvidarse sin embargo, que la naturaleza es multifactoral y la interacción de muchos procesos (bióticos y abióticos) puede contribuir a la existencia de patrones (QUINN & DUNHAM, 1983). De esta manera, otro posible factor a considerar es el ritmo de las olas, el cual podría ser ligero, pero sensiblemente diferente en diversos puntos del litoral. Este último factor, junto a los otros anteriormente mencionados, podría ser la causa del patrón observado.

Un aspecto interesante a mencionar, es que estos animales como son infra y meso litorales, se mueven en la dirección de las mareas, hacia afuera con la marea alta y hacia adentro con la marea baja. Sin embargo, parecen conservar su patrón de dispersión espacial a pesar de su constante movimiento.

Olivella semistriata es el principal renglón alimentario de diferentes especies del género *Agaronia*, que los depredan en la marea baja (LÓPEZ, 1978) como *A. griseoalba* (Martens, 1897) y *A. nica* (López *et al.* 1988). La incursión de estos depredadores en las colonias de *Olivella* podría también ser un factor que estuviese afectando los patrones de dispersión.

No obstante, todavía es necesario mucho trabajo para esclarecer la ecología y la taxonomía de esta interesante especie la cual muestra además un notable polimorfismo del color.

1.4. ESTIMACIÓN DEL TAMAÑO DE MUESTRA.

Para la estimación del tamaño de muestra lo primero que se debe tener en cuenta es en qué nivel biológico estamos ubicados: si se trata del nivel de especie o del nivel de comunidades. No obstante, en ambos casos, poblaciones y comunidades se parte de un pre-muestreo.

1.4.1. Poblaciones.

Expresiones de trabajo:

Para proporciones cuando se conoce N.

$$n = \frac{Z^2 \, P \, Q \, N}{(N-1) \, E^2 + Z^2 \, P \, Q}$$

Para proporciones cuando no se conoce N.

$$n = \frac{Z^2 \, P \, Q}{E^2}$$

Para variables continuas cuando se conoce N.

$$n = \frac{Z^2 \, \sigma^2 \, N}{(N-1) \, E^2 + Z^2 \, \sigma^2}$$

Para variables continuas cuando No se conoce N.

$$n = \frac{Z^2 \; \sigma^2}{E^2}$$

Estimación de N para proporciones.

Supongamos que se desea tomar una muestra aleatoria simple de una empresa determinada para estimar la proporción de empleados que están de acuerdo con tomar un seguro de salud.

Determine el tamaño de muestra, asumiendo las siguientes restricciones:

a) Nivel de confianza del 95 %. (1.96)
b) P= 0.68 (Proporción estimada de personas que está de acuerdo con tomar el seguro de salud, según encuesta pasada anteriormente).
c) E= 0.10 (10% aceptado y expresado en términos probabilísticos, es decir, entre 0 y 1).
d) N= 661.

Como puede deducirse se emplea la formula de n cuando se conoce N mayúscula.

$$n = \frac{Z^2 \; P \; Q \; N}{(N-1) \; E^2 + Z^2 \; P \; Q}$$

Sustituyendo tenemos:

$$n = \frac{(1.96)2 \; (0.68) \; (0.32) \; (661)}{(660) \; (0.10)2 + (1.96)2 \; (0.68) \; (0.32)} = 77$$

Es decir, 77 personas de un total de 661 empleados son suficientes a ese nivel de confianza y con el error aceptado para hacer la estimación que se desea.

Estimación de N para una variable cuantitativa contínua.

Se estudió un grupo de 60 estudiantes de la universidad a los que se les midió la estatura. A este grupo se le considerará nuestra población de estudio. Calcule cual sería el tamaño de muestra necesario para estimar la estatura de estos estudiantes.

170	160	180	168	165	180
169	152	165	160	179	165
165	170	160	168	169	170
158	175	160	158	165	165
160	171	153	162	165	170
169	172	155	168	155	167
160	165	160	187	163	162
160	156	165	175	164	160
152	158	180	154	164	165
155	151	170	160	170	165

$$\mu = \frac{\Sigma Xi}{N} = \frac{9883.8}{60} = 164.73 \text{ cm}$$

$\sigma^2 = 57.74$

E = al 5 % del promedio (164.73) es decir, 8.23, expresado entre 0 y 1, sería 0.08.

Z = 1.96

Con estos datos se sustituye en la fórmula de **n** para poblaciones finitas:

$$n = \frac{Z^2 \, \sigma^2 \, N}{(N-1) \, E^2 + Z^2 \, \sigma^2}$$

$$n = \frac{(1.96)^2 \times 57.75 \times 60}{59 \times (0.08)^2 + (1.96)^2 \times 57.75} = \frac{133\,308.83}{0.37 + 221.81} = \frac{13311.14}{222.19} = 59.92$$

Como se puede observar el valor estimado de **n** es aproximadamente igual al valor de N, lo cual se debe al elevado valor de la varianza calculada. Recordemos que el valor de **n** es una función de la varianza.

Otra opción posible es, como sugieren algunos autores, aplicar la expresión para los límites de confianza:

$$E = Z \times \frac{\sigma}{\sqrt{n}} = 1.96 \times \frac{7.59}{7.74} = 1.92$$

Y sustituyendo el nuevo valor en la fórmula:

$$n = \frac{(1.96)^2 \times 57.75 \times 60}{59 \times (1.92)^2 + (1.96)^2 \times 57.75} = \frac{133\,308.83}{217.5 + 221.81} = \frac{13311.14}{439.31} = 30.30 \approx 30$$

Teniendo en cuenta el nuevo valor, vamos a tener que se necesitan 30 estudiantes para estimar la altura de la población.

1.4.2. Comunidades.

En el caso de las comunidades no se suele hablar de tamaño de muestra sino de tamaño y cantidad de unidades muestrales, en el caso que estas últimas sean artificiales. El tamaño depende del tamaño y biología de la especie de estudio, y para la estimación de la cantidad se suele realizar la curva del área-especie (Fig. 9).

Para determinar el tamaño del área mínima, basándose en la composición de especies, CAIN y CASTRO (1959) mostraron como la curva de especies-área puede ser usada a través del muestreo de unidades de diferente tamaño en el eje de las **X** y del número de especies en el eje de las **Y,** y también por determinación del punto de la curva donde un crecimiento específico del área de muestra produce sólo un pequeño aumento en el número de especies.

Esta área mínima puede usarse como una muestra de parcela única. Para parcelas múltiples de un hábitat puede usarse un tipo similar de curva por unidades de muestra en grupos de diferente tamaño, aumentando desde el más pequeño hasta el más grande en el eje de las X y el número de especie muestreadas en el eje de las Y.

Curva del área- especie.

La curva del área-especie, puede también usarse para determinar el número de parcelas requerido para una muestra adecuada de composición de especies de un hábitat por graficado del número de especies muestreadas en el eje de las Y, y el número creciente de parcelas en el eje de las X, demostrando entonces el punto de inflexión o cambio repentino más allá del cual la adición de muestras produce retornos decrecientes.

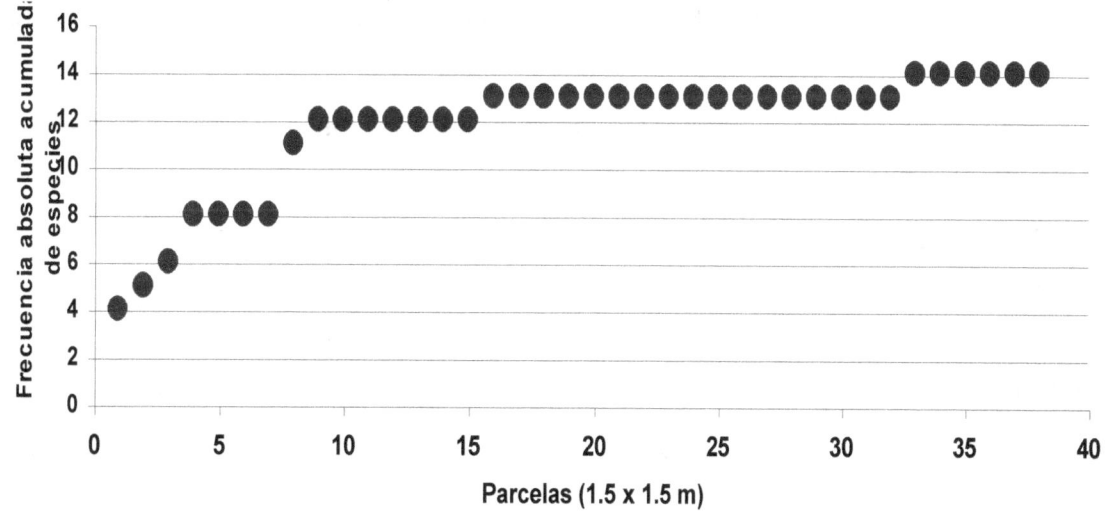

Fig. 9.- Curva del área-especie.

Como se puede observar, en esta curva construida en un muestreo de gasterópodos terrestres en la región del Pacífico de Nicaragua (PÉREZ, 1994), se presenta una primera meseta, que comienza en la parcela 4, la cual es muy corta y rápidamente aumenta el número de especies; luego se presenta una siguiente meseta que comienza en la parcela nueve y se prolonga algo más, concretamente hasta la parcela 15. Por último comienza una siguiente meseta en la parcela 17 que se prolonga hasta la parcela 32, es en este punto que tenemos que hacer un análisis y, en este caso concreto decidir en qué parcela vamos a plantear nuestro número mínimo.

Hay que notar que esta última meseta es larga y el siguiente incremento es de una especie por lo que no nos es rentable. De modo que podemos plantear que nuestra área mínima es de 25 parcelas de 1.5 x 1.5 m.

1.5. BIBLIOGRAFÍA.

BARBOUR, M.G., J.H. BURK & W.D. PITTS. 1987. *Terrestrial plant ecology.* The Benjamin/ Cummings Publishing Company, Inc. Menlo Park, California. 634 p.

BEN MEADOWS CATALOG. 1998. *Equipment for natural resource managers.* 475 p.

BONILLA, G. 1993. *Como hacer una tesis de graduación con técnicas estadísticas.* Editorial UCA, San Salvador. 342 p.

CAIN, S. & G.M. de O. CASTRO. 1959. *Manual of vegetation analysis.* Harper, New York. 325 p.

CONNELL, J.H. 1963. Territorial behaviour and dispersion in some marine invertebrates. *Research in population ecology,* 5:87-101.

COTTAM, G. & J.T. CURTIS. 1956. The use of distance methods in phytosociological sampling. *Ecology,* 37:351-360.

DIGGLE, P.J. 1983. *Statistical Analysis of Spatial Point Patterns.* Academic Press, London.

EMMEL, T.C. 1975. *Ecología y biología de las poblaciones.* Editorial Interamericana, S.A. México, D.F., 182 p.

GOODALL, D.W. 1954. Minimal area: a new approach. VIIth International Botanical Congress. *Rapp. Comm. Parv. avant le Congress,* section 7, Ecologie, pp. 19-21.

GODALL, D.W. & N.E. WEST. 1979. A comparison of techniques for assesing dispersion patterns. *Vegetatio,* 40:133-142.

GREIG-SMITH, P. 1952. The use of random and contiguos quadrats in the study of the structure of plant communities. *Annals of Botany,* 16:293-316.

HILL, M.O. 1973. The intensity of spatial pattern in plant communities. *Journal of Ecology,* 61:237-249.

HUTCHINSON, G.E. 1953. The concept of pattern in ecology. *Proceedings Academy of Natural Sciences,* Philadelphia, PA.

JOHNSON, R.W. & W.J. ZIMMER. 1985. A more powerful test for dispersion using distance measurements. *Ecology,* 66:1084-1085.

KEEN, A.M. 1971. *Sea Shells of Tropical West America.* Standford University Press, Standford, California. 1064 p.

KREBS, C.J. 1989. *Ecological Methodology*. Harper y Row, Publishers. New York. 654 p.

LÓPEZ, A. 1978. Jolly olivellas, hungry agaronias. *Hawaiian Shell News*, 26(8):16.

LÓPEZ, A., M. MONTOYA & J. LOPEZ. 1988. A review of the genus *Agaronia* (Olividae) in the Panamanian Province and the descripion of two new species from Nicaragua. *The Veliger*, 30(3):295-304

LUDWIG, J.A. & J.F. REYNOLDS. 1988. *Statistical Ecology. A primer on methods and computing*. John Wiley & Sons, USA. 337 p.

PEMBERTON, S.G. & R.W. FREY. 1984. Quantitative methods in ichnology: spatial distribution among populations. *Lethaia*, 17:33-49.

PÉREZ, A.M. 1994. *Area mínima en comunidades de moluscos de Nicaragua*. Informe inédito, Managua.

PÉREZ, A.M. 2001. *Miscelánea ecológica*. Editorial UCA, Managua. 50 p.

QUINN, J.F. & A.E. DUNHAM. 1983. On hypothesis testing in ecology and evolution. *American Naturalist*, 122:602-617.

RABINOVICH, J. 1978. *Ecología de poblaciones animales*. OEA, Washington, D.C. 114 p.

RODRÍGUEZ, J. 2001. Métodos de muestreo. *Cuadernos Metodológicos*, 1. Siglo XXI de España Editores, SA, Madrid. 114 p.

ODUM, E.P. 1986. *Fundamentos de Ecología*. Nueva Editorial Interamericana. México, D.F. México. 422 p.

SABELLI, B. 1979. *Guide to Shells*. Simon & Schuster, Inc. (Eds.), New York. 512 p.

SILVA, A. & V. BEROVIDES. 1982. Acerca del concepto de nicho ecológico. *Cienc. Biol.*,

WALFORD, L.A. 1946. A new graphic method of describing the growth of animals. *Biol. Bull.*, 90:141-147.

CAPÍTULO II.- La variación biológica y su cuantificación.

En el siguiente capítulo se presenta un grupo de métodos estadísticos cuyo objetivo es la medición de la biodiversidad en el nivel de la población, el análisis de los fenómenos de variación dentro de las poblaciones y entre las poblaciones. Se ofrecen ejemplos y se brindan gráficos que pueden ayudar a esclarecer el procesamiento de los datos de campo.

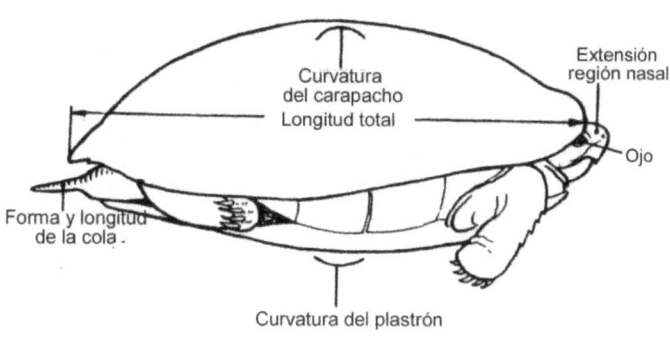

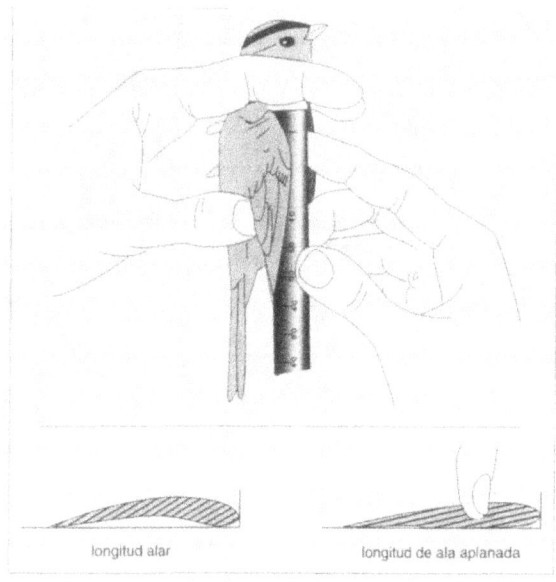

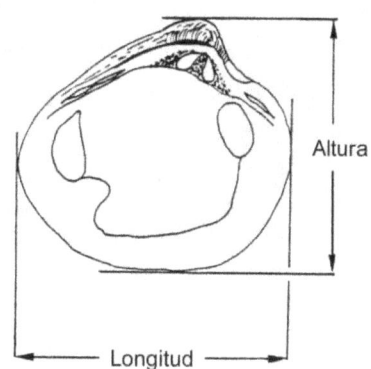

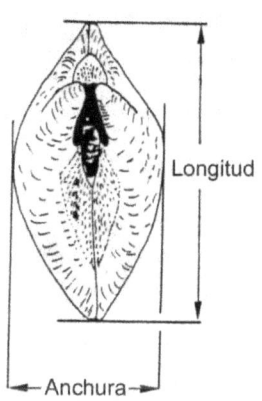

2.1. TIPOS DE VARIABILIDAD BIOLÓGICA Y SU ESTUDIO. MORFOMETRÍA.

Actualmente es de amplio conocimiento entre los biólogos que en las especies vivientes se presenta, en mayor o menor grado, el fenómeno de la variabilidad. La variación de los individuos puede ser, en general, de origen ambiental o genético; dentro de la primera se puede citar la variación de origen ecológico, geográfico y la variación estacional. Dentro de la variación genética el fenómeno más notable es el polimorfismo, que es aquella cualidad por la cual dentro de una especie se presentan, por ejemplo, individuos de diferente coloración.

La estadística aplicada al estudio de los fenómenos biológicos se reconoce como **Biometría**. Esta palabra se deriva de las raíces griegas **bio** (vida) y **metría** (medida), de aquí que la biometría significa la medida de la vida, aunque también se puede definir la **Biometría** como la aplicación de los métodos estadísticos a la solución de los problemas biológicos. La **Morfometría** es una rama de la biometría que se dedica a la medición de la forma de los individuos para su posterior clasificación.

La biometría constituye una herramienta imprescindible de los biólogos, ya que en muchas ocasiones aporta el instrumental necesario para establecer "barreras" que nos permitan establecer las especies, que son las entidades biológicas particulares que conforman la biodiversidad.

El análisis y cuantificación de la variación es un proceso notablemente complejo, por cuanto previamente es necesario establecer qué caracteres se van a medir, cuántos se van a medir y que importancia tienen, entre otros aspectos. Las variables usualmente consideradas por la mayoría de los investigadores son la longitud y el ancho, aunque también se suelen considerar mediciones de otras estructuras, el peso, etc.

Conjuntamente con variables de tipo cuantitativo, como las antes citadas, también se suelen tener en cuenta variables de tipo cualitativo como la coloración, el tipo de hojas en las plantas, el tipo de pico en las aves, tipo de escamas en los peces, etc.

Por último, una vez medidas las variables de interés, se debe seleccionar la prueba estadística adecuada para procesar esas variables, y en este sentido de debe enfatizar que no siempre es necesario acudir a las técnicas más complicadas del universo de la biometría para buscar soluciones a nuestros problemas de estudio, en ocasiones métodos sencillos usados con ingenio aportan resultados de mayor claridad.

La metodología de trabajo en estadística, según SOKAL & ROHLF (1981) (simplificado y modificado), es la siguiente:

Estadística Descriptiva

Estadística de Inferencias

- Estimación y muestreo
- Pruebas de hipótesis

Pruebas para datos de frecuencia (Bondad de ajuste)	Otras pruebas Estadísticas
	1) 2)

1) Comparaciones entre muestras (en una variable).

Tipo de prueba	Cantidad de Muestras	
	Dos muestras	Más de dos muestras
Paramétrica	T de Student	ANOVA O ANDEVA
No paramétrica	Prueba de Mann-Whittney, Prueba de Wilcoxon	Prueba de Kruskall-Wallis, Prueba de Friedman

2) Comparaciones entre variables (en una muestra).

Objetivo de la prueba	Cantidad de variables		
	Dos variables		Más de dos variables
Estimar la correlación entre variables X_1, X_2, ... X_n.	Paramétrico	No paramétrico	Correlación múltiple
	Correlación de Pearson	Correlación de Spearman	
Estimar la variación de una variable Y con respecto a X_1, X_2, ... X_n.	Regresión paramétrica	Regresión no paramétrica	Regresión múltiple

Cuando los métodos convencionales no satisfacen nuestros requerimientos tenemos que utilizar Métodos Multivariados. La Tabla que se presenta a continuación sigue la organización propuesta por (2010).

Métodos	Objetivo	Ejemplos
Ordinación Libre	Basado en una matriz biológica. Se buscan patrones.	- PCA - NMDS
Ordinación Guiada	Basado en una matriz biológica y una matriz ambiental. Se buscan relaciones entre ambos.	- Análisis de Correlación Canonical (CCA) - RDA (Análisis de Redundancia)
Clasificación	Basado en una matriz biológica. Se buscan patrones.	- Análisis de Clasificación. - Análisis Discriminante
Pruebas entre grupos	Se usan pruebas entre grupos.	- MANOVA. - Test de Mantel. - Análisis de Especies Indicadoras.

TIPOS DE VARIABLES
(Según CRISCI & LÓPEZ, 1983)

Tipos de variables		Ejemplos	
		Carácter	Estados
Doble estado	Presencia/ Ausencia	• Bandas de color • Existencia de una enfermedad	➤ Presencia ➤ Ausencia
	Estados Excluyentes	• Posición del saco del dardo (en caracoles)	➤ Basal ➤ Terminal
Multiestado	Cualitativos	• Margen de la hoja (en plantas) • Color de la piel	➤ Aserrado ➤ Lobulado ➤ Entero, etc. ➤ Blanco ➤ Negro ➤ Cobrizo, etc.
	Cuantitativos	Continuos	➤ Longitudes ➤ Alturas ➤ Pesos
		Discretos	➤ Cantidad de dientes de un mamífero ➤ Cantidad de huevos de un ave

Variables derivadas:

Proporciones: Es la razón de una parte respecto al todo. Por ejemplo, la proporción de hembras y machos, o de juveniles y adultos en una manada de mamíferos. Se suele expresar en porcentaje. P ej. En una manada de 50 ciervos hay 17 machos, la proporción es 17/50 o lo que es lo mismo el 34 %.

Indices: Se suele denominar así a la relación entre dos variables morfológicas, aunque no es el único uso. Por ejemplo Altura/Longitud.

Según PÉREZ *et al.* (2002) con los datos morfométricos obtenidos para *Anadara similis* y *Anadara tuberculosa* (Concha negra) se puede confeccionar un índice de longitud/ altura que es lo que permite separar más claramente ambas especies. En el caso de la especie *Anadara similis* es de 1.6 y en el caso de la especie *Anadara tuberculosa* es de 1.4.

Anadara tuberculosa

Anadara similis

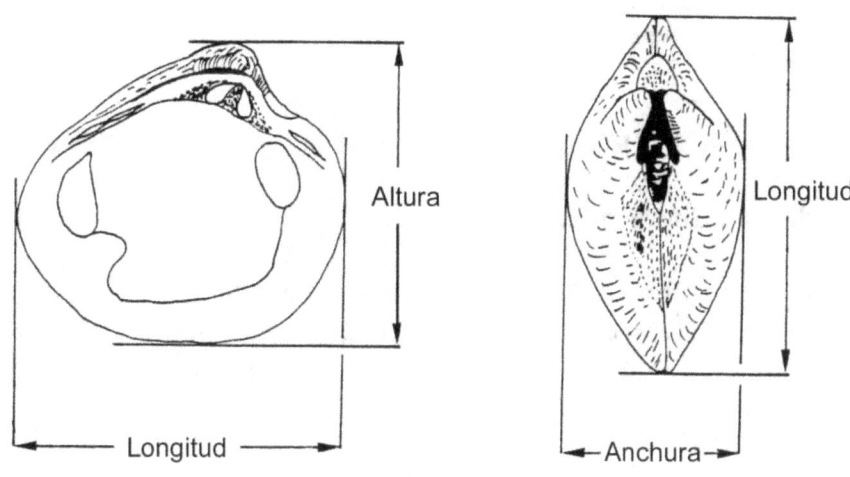

Fig. 10.- Concha negra. Fotos y mediciones.

Razones: Una razón es más o menos similar a una proporción. En una muestra que contenga 17 machos y 33 hembras la razón será 17:33, o 1:1.94.

Escalas de medida:

Nominal: Es aquella que lo único que hace es identificar categorías en las que se puedan clasificar los organismos. Estas categorías deben ser mutuamente excluyentes: no será posible clasificar a un individuo en más de una categoría. Por ejemplo color de las flores en el sacuanjoche: rojas, amarillas y blancas; lo que se podría tabular de la siguiente forma:

▫ Rojas   1
▫ Amarillas   2

◻ Blancas   3

En este caso los números no tendrían sentido matemático, es decir, 3 no sería mayor que 2.

Ordinal: La escala ordinal utiliza la función de clasificación y etiquetado de la escala nominal, pero además la dota de un sentido de orden. Por ejemplo:

Puntuación de abundancia	Descripción	
5	**Muy abudante:**	+ del 80 % de la muestra.
4	**Abundante:**	Constituye entre el 60 y el 80 % de la muestra.
3	**Poco abundante:**	Constituye entre el 40 y el 60 % de la muestra.
2	**Escaso:**	Constituye entre el 20 y el 40 % de la muestra.
1	**Raro:**	Constituye menos del 20 % de la muestra.

2.2. VARIACIÓN INTRAPOBLACIONAL Y SU CUANTIFICACIÓN.

2.2.1. Estadística descriptiva.

Estadística descriptiva. Como su nombre lo indica tiene como objetivo describir estadísticamente a una población. Esto implica el trabajo con los estadísticos de tendencia central y de dispersión, describiendo la población de estudio. A este tipo de estimación se le conoce como estimación de punto, o sea, consiste en un solo valor numérico para estimar el parámetro correspondiente a la población de la que se extrajo la muestra.

La estadística descriptiva en lugar de utilizar los parámetros poblacionales como medidas descriptivas, utiliza sus respectivos estimadores (ej., para sigma usa S^2). A este tipo de estimación se le conoce como estimación de punto, o sea, consiste en un solo valor numérico para estimar el parámetro correspondiente.

El arreglo de los datos obtenidos en listados, gráficos, tablas, etc., también forma parte de su universo de estudio.

Los estadísticos de tendencia central y dispersión, serán vistos posteriormente con más detalle.

La **estadística de inferencias** es el procedimiento por el que se llega a inferencias respecto de una población partiendo de los datos tomados en el campo y ofrecer resultados con valor dentro de un intervalo, el cual consiste en dos valores numéricos entre los cuales está encerrado el parámetro de interés. Esta a su vez, puede ser subdividida en **estimación y muestreo** y **pruebas de hipótesis**.

El proceso de estimación conlleva el calcular con base en los datos de una muestra, alguna estadística que se ofrece como una aproximación del parámetro correspondiente a la población de la cual se extrajo la muestra.

Cuando se nos menciona la palabra estadística inmediatamente pensamos en un conjunto de métodos paramétricos y no paramétricos, pero que involucran el trabajo con una variable o estados de esta, o lo sumo dos variables. Estos son los llamados métodos univariados o bivariados.

Por ejemplo, es usual estudiar la distribución de frecuencias de una determinada variable medida en una población. También, estamos acostumbrados a evaluar la correlación que existe entre el diámetro y la longitud entre dos especies de animales o si existe variación en el efecto producido por un tratamiento en varias poblaciones de datos del mismo tipo, como p. ej. pesos en varios grupos de ratas de la misma especie.

Cuando se ha reunido un conjunto de datos, por ejemplo, en cierto número de observaciones de alguna cantidad, es necesario condensar aquellos de tal manera, que aparezcan claramente las características principales del conjunto.

Si se han de comparar dos o más conjuntos análogos, la condensación es aún más necesaria. Esta puede hacerse cualitativamente, mediante la agrupación de los datos y la formación de una tabla de frecuencias o de un diagrama, como ya hemos visto o mediante medidas cuantitativas que representen adecuadamente los datos y, en la medida de lo posible, el universo de donde se han extraído las observaciones. Cualquier medida de este tipo se denomina estadístico.

Estadísticos más usados.

Los estadísticos más corrientemente empleados para representar las propiedades de una distribución se pueden clasificar en:

1) **Medidas de posición o tendencia central**.

2) **Medidas de dispersión**

3) **Medidas de asimetría**: Expresan en que grado se aparta la distribución estudiada de la simetría.

Por tanto, una distribución se puede caracterizar por medio de tres criterios

1) El valor central.
2) Una cantidad que indique el grado de dispersión.
3) La forma de la curva, es decir, la forma central de la distribución.

1.- Medidas de Tendencia Central

Hay tres tipos principales de medidas:

1. **Las medias**: aritmética, geométrica y armónica.

2. **La mediana**

3. **La moda**

Media Aritmética: Representa el centro de las observaciones de la muestra, también se la llama promedio.

$$X = \Sigma\, X_i/\, n$$

Mediana: Si los datos se ponen en orden de magnitud, la mediana es el elemento central de la serie, es decir, hay un mismo número de observaciones mayores y menores que la mediana (50 %). Si n es impar esta definición es completa, si n es par, es ambigua y en este caso se suele tomar la media aritmética de los valores centrales como mediana, p. eje.

- Si n es impar $M = n + 1/2$

p. ej. si hay 7 muestras: 2, 4, 7, 8 , 1, 3, 5 estos tienen que ser ordenados 1, 2, 3, 4, 5, 7 y 8 y $M = 4$

- Si n es par, nunca hay un renglón central, la mediana sería la media de los dos valores del medio, p. eje:

3, 6, 8, 11 $M = 6+8/2 = 7$

Para una distribución simétrica, la mediana es igual a la media aritmética, no ocurriendo lo mismo para las distribuciones asimétricas.

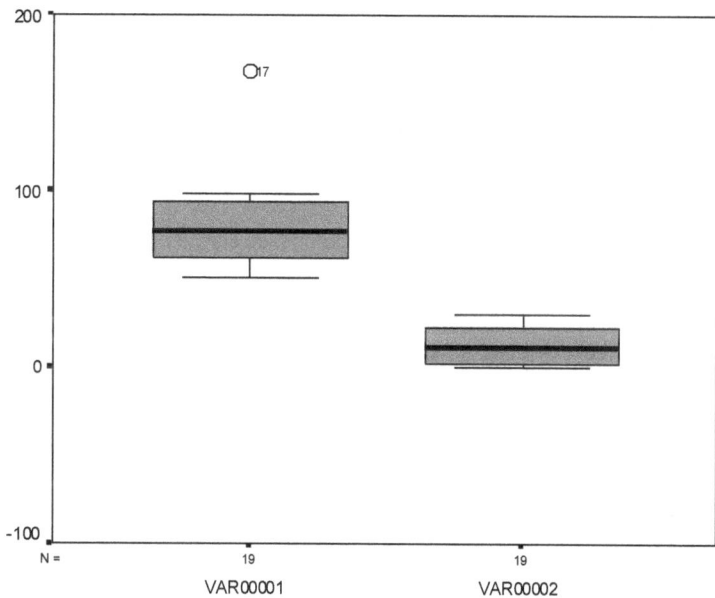

Fig. 11.- Gráfico de caja o boxplot en el que se muestra el comportamiento de dos variables cualesquiera. La línea negra gruesa en el centro de la caja es la mediana de los datos en cuestión. Las líneas delgadas afuera de la caja representan el mínimo y el máximo.

Moda: La moda es el valor de la variable que se presenta con máxima frecuencia, es decir, aquel para el que la frecuencia es máxima, p. ej.

1) 2, 2, 5, 7, 9, 9, 9, 10, 10, 11, 12, 18 -> 9

2) 2, 3, 4, 4, 4, 5, 5, 7, 7, 7, 9 -> 4 y 7 serie bimodal

En biología, estos análisis pueden arrojar resultados notablemente interesantes, por ejemplo si obtenemos distribuciones de frecuencias **bimodales**, podemos estar en presencia de un **bimorfismo**. Por extensión, este fenómeno puede ser polimodal y por ende, producir un polimorfismo.

Media de medias:

Cuando las muestras comparadas son de tamaño diferente:

$$X = \frac{n_1\bar{x}_1 + n_2\bar{x}_2 + \dots n_n\bar{x}_n}{n_1 + n_2 + n_n}$$

Cuando las muestras comparadas son de igual tamaño:

$$X = \frac{n_1 \bar{x}_1 + n_2 \bar{x}_2 + ... n_n \bar{x}_n}{k}$$

dónde:

n: tamaño de cada una de las muestras

$\bar{x}$: media de cada una de las muestras

k: tamaño de todas las muestras

2.- Medidas de dispersión

Las medidas de dispersión explican la dispersión de la población de datos estudiados de los estadísticos de tendencia central, estas aumentarán en la medida en que n sea menor. Entre ellas se puede citar:

1) Rango
2) Varianza
3) Desviación Standard
4) Coeficiente de variación

Varianza: se puede definir como el cuadrado de la media de las desviaciones de los elementos respecto a la media poblacional y se representa como $Sigma^2$

Pero en general la expresión de trabajo es la siguiente:

$$S^2 = \frac{\sum X^2 - (\sum X)^2/n}{n - 1}$$

Desviación estándar:

La varianza es de gran importancia en muchas aplicaciones de la estadística, pero puesto que no es una función lineal, su sentido numérico no se aprecia fácilmente. Su raíz cuadrada tiene las mismas dimensiones que la variable y se aprecia mejor como medida de dispersión. la raíz cuadrada de la varianza se conoce como desviación estándar.

Se representa como Sigma, la poblacional y S la muestral.

La expresión de trabajo es la siguiente:

$$S^2 = \sqrt{\left\{ \frac{\sum X^2 - (\sum X)^2/n}{n-1} \right\}}$$

Si se quiere tener una idea de la varianza total de un grupo de poblaciones se puede calcular la **Combinación de Varianzas**, la cual tiene las siguientes expresiones:

$$S^2 = \frac{S_1^2 (n_1 - 1) + S_2^2 (n_2 - 2) + \ldots S_k^2 (n_k - 1)}{N - k}$$

donde:

N: número total de observaciones de las muestras comparadas.
k : número de muestras a comparar.
n : tamaño de cada muestra.

En el caso de que todas las muestras sean del mismo tamaño se aplica la siguiente expresión:

$$S^2 = \frac{S_1^2 + S_2^2 + \ldots S_k^2}{k}$$

Rango o amplitud:

Es la más sencilla de todas las medidas de dispersión. Se define simplemente como la diferencia entre el mayor y el menor valor de una variable en una muestra.

R = Máx - Mín

En ecología vamos a tener numerosos ejemplos de ejemplares con diferente rango de tolerancia ante determinados factores abióticos; si este rango es estrecho se le antepone al nombre del factor el prefijo **esteno** y si es ancho se le antepone el prefijo **euri**. Por ejemplo si tenemos varias especies de peces con diferente grado de tolerancia ante la salinidad, vamos a tener que las de menor tolerancia son llamadas **esteno-halinas** y las de mayor espectro e tolerancia se llaman **eurihalinas.**

Coeficiente de variación: Es la desviación estándar expresada como porcentaje de la media aritmética, se representa como:

$$C.V. = \frac{S}{\bar{X}} \; 100$$

Su utilidad principal consiste en poner de manifiesto el grado de dispersión en función de la media.

Utilizando el C.V. es posible comparar las dispersiones de dos o más grupos de datos que son dados en unidades distintas, independientemente de los valores de las medias.

La comparación de valores de C.V. derivados de distribuciones diferentes es casi invariablemente válida si las variables son homólogas. De lo contrario, la experiencia sugiere que la comparación es todavía válida si las variables son análogas y pertenecen a la misma categoría. El hecho de que los elefantes pueden tener una desviación estándar de 50 mm para una dimensión lineal y los ratones una de 0.5 mm para la misma dimensión, no significa necesariamente que los elefantes sean más variables que los ratones.

Los elefantes son cientos de veces mayores y la variación absoluta deberá ser cientos de veces mayor. La solución es relacionar la medida de variación absoluta a una medida de tamaño absoluto: la desviación estándar y la media, y como esta proporción es muy pequeña se multiplican los valores por 100.

3.- Distribuciones de frecuencia.

Es un arreglo tabular de los datos por clases, junto con las frecuencias de las clases correspondientes. También recibe el nombre de tablas de frecuencias.

Variables discretas o datos no agrupados.

Frecuencia absoluta o repetición

Es el número de veces que se presenta repetido un determinado valor de la variable y lo representamos por ni donde i = 1, 2, 3,... m, donde **m** representa el número de valores observados distintos **y** , a los que se analizará yi (i= 1, 2, 3,... m).

Frecuencia relativa

Correspondiente al valor yi, al cociente ni/n = hi

Frecuencia absoluta acumulada.

Es la repetición acumulada ($Ni = n1 + n2 + ... ni$). Evidentemente Ni = al número de observaciones menores o iguales a yi.

Frecuencia Relativa Acumulada (Hi) (i = 1, 2, 3, ...M) representa la frecuencia acumulada correspondiente a yi que por definición será igual a $h1 + h2 + ...hi$.

Hi es igual a la frecuencia total correspondiente a los valores observados.

Ejemplo. El número de hijos de 10 familias fue censado y los resultados de los conteos fueron los siguientes: 2, 1, 3, 1, 2, 1, 3, 0, 2, 1.

Valores de la variable	Frec. Absoluta
0	1
1	4
2	3
3	2
Total	10

Partiendo de los valores anteriores se puede confeccionar la siguiente tabla:

Valores de la variable	Frec. Absolutas	Frec. Relativas	Frec. Abs. Acumuladas	Frec. Relativas Acumuladas
y1 = 0	n1 = 1	h1 = 0,1	N1 = 1	H1 = 0,1
y2 = 1	n2 = 4	h2 = 0,4	N2 = 5	H2 = 0,5
y3 = 2	n3 = 3	h3 = 0,3	N3 = 8	H3 = 0,8
y4 = 3	n4 = 2	h4 = 0,2	N4 = 10	H4 = 1,0

Propiedades de las frecuencias.

1. Las frecuencias absolutas (ni) y las frecuencias absolutas acumuladas (Ni) son números enteros y no negativos.
2. Las frecuencias relativas (hi) y las frecuencias relativas acunmuladas (Hi) son números fraccionarios no negativos y menores que o iguales a 1,0. (no mayores que 1).

Representación gráfica.

A) Si se consideran frecuencias relativas o absolutas haremos la representación mediante el llamado **Diagrama de frecuencias**, llevando sobre un eje horizontal los valores de la variable yi y levantando en cada uno de estos puntos un segmento vertical de longitud igual a la frecuencia correspondiente.

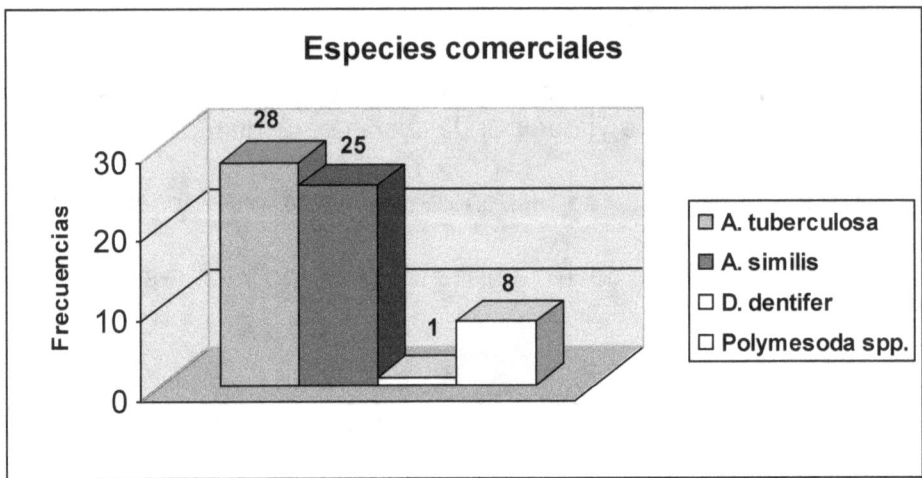

Fig. 12.- Diagrama de dispersión.

La misma información también puede ser graficada utilizando un gráfico de pastel.

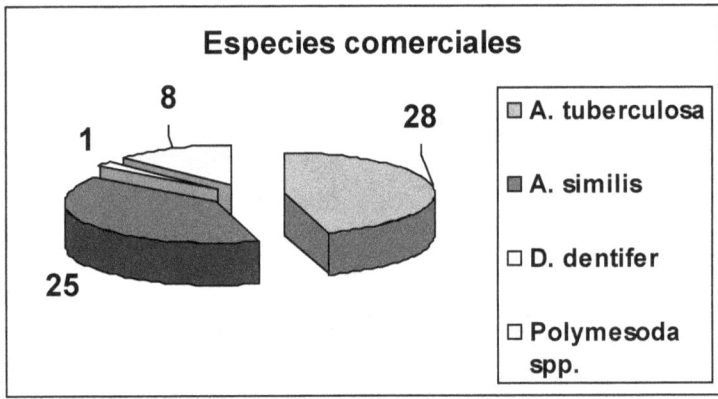

Fig. 13.- Gráfico de pastel.

B) Si se consideran frecuencias acumuladas o frecuencias absolutas acumuladas haremos la representación gráfica mediante el llamado **gráfico acumulativo de frecuencias**, llevando sobre un eje horizontal los valores de la variable yi y levantando en cada uno de estos puntos un segmento vertical de longitud igual a la frecuencia acumulada correspondiente y completando con **tramos horizontales**, correspondientes a los intervalos en que se presentan observaciones, una línea poligonal en escalera.

Sólo hay observaciones en los puntos de discontinuidad y la amplitud de la discontinuidad mide la frecuencia correspondiente al valor de yi considerado.

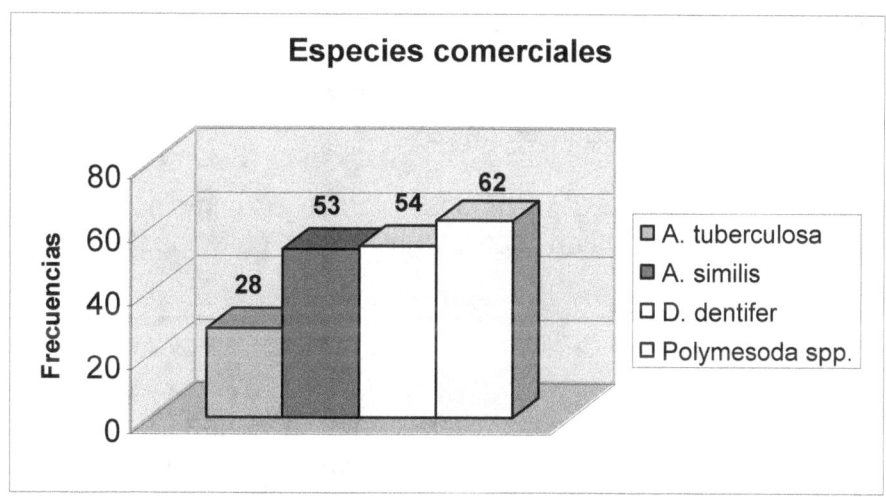

Fig. 14.- Diagrama de frecuencias acumuladas.

El gráfico acumulativo de frecuencias es la representación gráfica de la **función de distribución** (de la frecuencia) o **función empírica de distribución** F(x) definida así para todo valor de X. En este caso las barras se presentan agrupadas pero esto se debe a un artilugio del programa. Se debe tener claro que en el caso de las variables discretas la representación debe ser en forma de líneas y no de barras y las mismas deben estar separadas unas de otras.

Variables continuas o datos agrupados.

Sean X1, X2,... Xn los datos originales y n el tamaño de muestra. El problema de reducción de los datos para formar una tabla de frecuencias es un problema de clasificación de las observaciones.

Para la realización de esto es necesario:

1) Decidir cuáles han de ser las clases que se van a considerar. Normalmente se empieza por determinar la observación que tiene un valor máximo (L2) y la que tiene el mínimo (L1). Estos dos valores **extremos definen el recorrido** (L1, L2) de la muestra, y L = L2-L1 es el **rango de nuestra muestra**.

2) Se subdivide el recorrido de la muestra en intervalos de clase y la clasificación consiste en determinar el número de observaciones que pertenece a cada intervalo o clase.

3) Representamos por Y1, Y2, ... Ym los extremos o límites de los intervalos de clase, por **m** el número de clases o intervalos, por Y1, Y2, ...Ym los puntos medios de dichos intervalos o **marcas de clase** y por Ci = Yi - Yi-1 a la amplitud del i-ésimo intervalo.

4) Conviene que todos los intervalos sean de la misma amplitud a fin de que sean comparables.

5) Para evitar la dificultad que se presentaría al intentar clasificar una observación que coincida con un valor yi del extremo inferior del intervalo siguiente o del extremo superior del intervalo anterior, se definen los extremos de los intervalos como una cifra decimal más de la que contengan las observaciones.

P. ej. se mide la altura de 20 individuos (plantas o animales) en una determinada localidad. Los valores medidos en el orden que fueron obtenidos son:

48- 52- 45- 47- **31**- 35- 43- 44- 49- **53**- 41- 44- 39- 37- 40- 47- 43- 39- 43- 47.

De esta serie de valores se puede extraer el valor máximo (L2 = 53) y el valor mínimo (L1= 31), consideraremos entonces el intervalo (31, 53), pero por razones de comodidad en la manipulación de los números es preferible trabajar con números pares y entonces podemos sustraer la unidad al valor mínimo y adicionarla al máximo, con lo que quedaría el intervalo (30, 54).

Entonces, decidimos arbitrariamente el número de intervalos (m) con el que vamos a trabajar, el cual debe ser mayor o igual que 4. En este caso vamos a tomar 6 intervalos, entonces m = 6, y C = R/m, donde C = 54-30/ 6 = 4, siendo C el ancho del intervalo. La tabla de frecuencias quedaría:

Intervalos	Frecuencias
30,1- 34	1
34,1- 38	2
38,1- 42	4
42,1- 46	6
46,1- 50	5
50,1- 54	2
Total	20

En este caso, las definiciones de frecuencia absoluta, frecuencia relativa y frecuencias acumuladas son iguales que en el caso anterior, aunque se refieren a intervalos y no a puntos.

Podremos entonces confeccionar nuestra tabla de frecuencias:

Intervalos	Marca de Clase	Frec. Absoluta	Frec. Relativa	Frec. Abs. Acumulada	Frec. Relat. Acumulada
30,1- 34	32	1	0.05	1	0.05
34,1- 38	36	2	0.10	3	0.15
38,1- 42	40	4	0.20	7	0.35
42,1- 46	44	6	0.30	13	0.65
46,1- 50	50	5	0.25	18	0.90
50,1- 54	52	2	0.10	20	1.00

Propiedades de las frecuencias: las mismas que en el caso de una variable discreta.

Representación gráfica

Se llevan a un eje horizontal los intervalos de clase y levantando sobre cada uno de ellos un rectángulo de longitud igual a la frecuencia correspondiente, estos son los llamados histogramas de frecuencia.

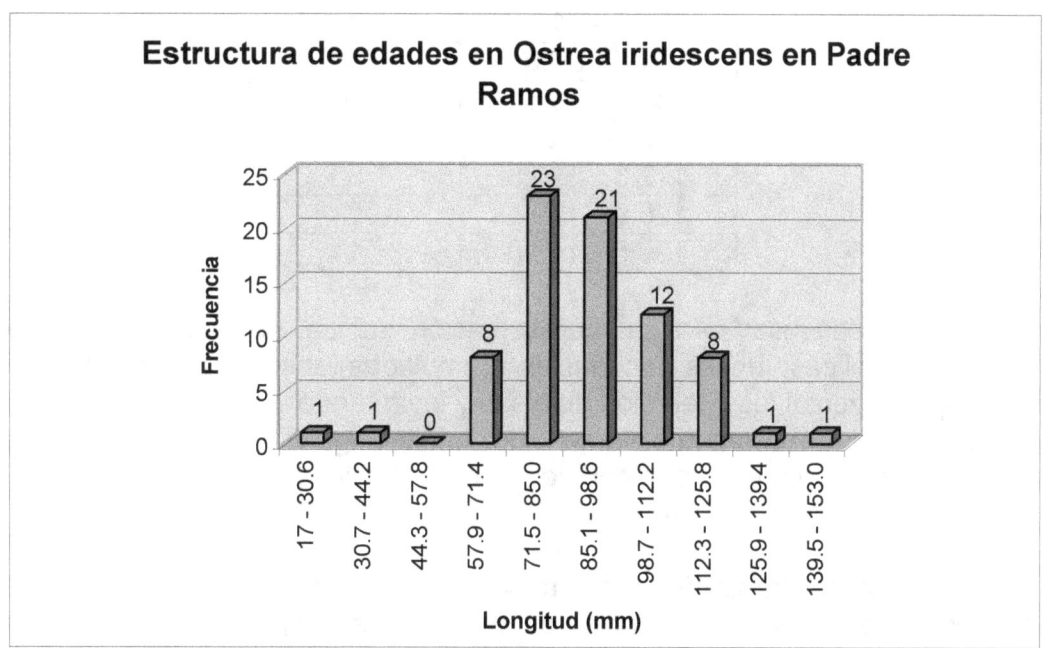

Fig. 15.- Histograma de frecuencias. Las barras aparecen separadas pero deben estar en contacto, sin espacios discontinuos.

 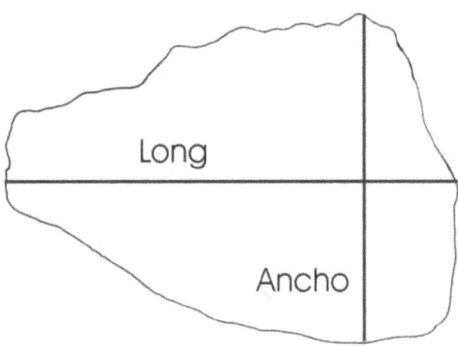

Fig. 16.- *Ostrea iridescens.* Foto y mediciones (Tomado de PÉREZ *et al.* 2004).

Longitud	Frecuencia
17 - 30.6	1
30.7 - 44.2	1
44.3 - 57.8	0
57.9 - 71.4	8
71.5 - 85.0	23
85.1 - 98.6	21
98.7 - 112.2	12
112.3 - 125.8	8
125.9 - 139.4	1
139.5 - 153.0	1

También se puede usar para la representación gráfica los llamados **polígonos de frecuencia**, en el caso de las frecuencias acumuladas (absolutas y relativas) ploteando sobre el eje horizontal los intervalos de clase y levantando en cada extremo superior de dichos intervalos un segmento vertical de longitud igual a la frecuencia acumulada correspondiente y uniendo luego con segmentos rectilíneos los extremos superiores de los segmentos verticales construidos.

En biología, estos análisis pueden arrojar resultados notablemente interesantes, por ejemplo si obtenemos distribuciones de frecuencias **bimodales**, podemos estar en presencia de un **bimorfismo**. Por extensión, este fenómeno puede ser polimodal y por ende, producir un polimorfismo.

En estudios ecológicos de beta diversidad estos son también de gran utilidad, ya nos permiten determinar la posible aparición de **ecotipos** o **razas ecológicas**.

2.2.2. Pruebas de hipótesis. Pasos.

La segunda subdivisión de la estadística de inferencias consiste en las llamadas pruebas de hipótesis. Una prueba de hipótesis es un procedimiento mediante el cual se trata de obtener conclusiones acerca de la similaridad o diferencia entre dos poblaciones muestreadas.

Por ejemplo, un ecólogo se puede preguntar si la biomasa vegetal es la misma en dos áreas geográficas distintas, etc.). Entonces, se toman muestras de las dos poblaciones y luego se infieren las conclusiones.

Para estimar con objetividad si una hipótesis particular es confirmada por un conjunto de datos, necesitamos un procedimiento que nos lleve a un criterio objetivo para rechazar o aceptar esa hipótesis.

Este procedimiento objetivo debe basarse tanto en la información obtenida al investigar, como en el margen de riesgo que estemos dispuestos a aceptar si nuestro criterio de decisión con respecto a la hipótesis resulta incorrecto.

El procedimiento que por lo común se sigue comprende varios pasos, los cuales enunciamos en orden de su ejecución:

1. Formulación de la hipótesis nula (Ho).

2. Elección de una prueba estadística (con su modelo estadístico asociado) para probar Ho. De las pruebas capaces de usarse con un diseño de investigación dado, hay que escoger aquella cuyo modelo se aproxime más a las condiciones de la investigación y cuyos requisitos de medición satisfacen las medidas usadas en la investigación.

3. Especificación del nivel de significación (α) y del tamaño de la muestra (n).

4. Encuentro o suposición de la distribución muestral de la prueba estadística conforme a Ho.

5. Sobre la base de los incisos anteriores definir la región de rechazo.

6. Cálculo del valor de la prueba estadística con los datos obtenidos de las muestras. Si el valor desciende a la región de rechazo, Ho debe rechazarse, si el valor cae fuera de la región de rechazo. Ho no puede rechazarse al nivel de significación escogido.

A continuación detallaremos brevemente cada uno de los pasos que constituyen este procedimiento.

1. Hipótesis nula

En general se formula con relación a la media o la varianza poblacional (μ o σ^2) y es formulada por lo común con el objetivo de ser rechazada.

Existen dos tipos de pruebas, de dos colas y de una cola:

Pruebas de una cola.- Cuando se indica la dirección predicha de la diferencia, p. ej.

$H_0: \mu_1 \leq \mu_2$

$H_1: \mu_1 > \mu_2$

Pruebas de dos colas.- No se indica una dirección para la diferencia.

Esta hipótesis parte de que existe igualdad entre los estadísticos poblacionales, p. ej.

$H_0: \mu_1 = \mu_2$

La hipótesis contraria se denomina hipótesis alternativa y establece lo contrario, es decir, que existen diferencias entre los estadísticos poblacionales.

$H_1: \mu_1 \neq \mu_2$

2. Elección de la prueba estadística.

El campo de la estadística se ha desarrollado hasta el grado que existen pruebas para casi todos los propósitos de la investigación con pruebas estadísticas susceptibles de usarse alternativamente para tomar decisiones con respecto a una hipótesis.

Dentro de estas pruebas estadísticas se encuentran las pruebas paramétricas y las pruebas no paramétricas.

Para mayor detalle ver los cuadros sinópticos a comienzos del texto.

3. El nivel de significación y el tamaño de la muestra.

Cuando la H_0 y la H_1 han sido enunciadas y cuando la prueba estadística apropiada a la investigación ha sido seleccionada, el paso siguiente consiste en especificar el nivel de significación (α) y seleccionar el tamaño de muestras (n).

Como se ha señalado anteriormente, el **nivel de significación**, se designa por la letra griega α y se define como la probabilidad de rechazar la hipótesis nula y sus valores de probabilidad más comunes son 0,05 y 0,01.

El tamaño de n, debe aumentarse dentro de lo posible para evitar la posibilidad de cometer error de tipo I y II.

Se debe mencionar que si las diferencias se aprecian para:

1) $\alpha = 0.05$ se llaman significativas y muchos autores las representan con un asterisco (*).

2) $\alpha = 0.01$ se llaman muy significativas y muchos autores las representan con dos asteriscos (**).

3) $\alpha = 0.001$ se llaman muy altamente significativas y muchos autores las representan con tres asteriscos (***).

4) Distribución muestral.

Una vez que el investigador ha escogido una prueba estadística para aplicarla a sus datos, enseguida debe determinar cual es la distribución muestral del estadístico de la prueba.

La distribución muestral es una distribución teórica. La obtendríamos al tomar al azar todas las muestras posibles de un mismo tamaño, extraídas de una misma población.

Las distribuciones teóricas son en general distribuciones discretas y distribuciones continuas y dentro de estas existen algunos tipos muy ampliamente reconocidos en el trabajo estadístico.

Distribuciones Discretas.

- Poisson
- Binomial

Distribuciones Teóricas.

Simétricas.- Es decir, que oscilan entre -infinito y + infinito

- Normal (Z)
- T de Student

Asimétricas.- Oscilan entre 0 y + infinito.

- X^2 (Chi cuadrado)
- F

En general, lo primero es buscar si los datos se ajustan a una distribución normal. En este sentido conviene citar un teorema matemático muy importante conocido como **Teorema del Límite Central** y establece que:

" Si una variable está distribuida con Xm = **μ** y desviación estándar igual a **σ** y se escogen muestras aleatorias de tamaño n, las medias x de estas muestras estarán de manera aproximada distribuidas normalmente con media μ y desviación estándar de σ / √n para una magnitud de n suficientemente grande ".

En otras palabras, si n es suficientemente grande, la distribución muestral de x:

- será aprox. normal

- tiene una media igual a la media de la población (**μ**)

- tiene una desviación estándar de la población dividida por la raíz cuadrada del tamaño de la muestra.

$$\sigma_{xm} = \sigma/\sqrt{n}$$

5. La región de rechazo.

Define la región de aceptación.

Es una región de la distribución muestral. Esta incluye todos los valores posibles que una prueba estadística puede tomar conforme a Ho; se compone de un subconjunto de estos posibles valores, de manera que la probabilidad de ocurrencia de una prueba estadística conforme a Ho cuyo valor esté en ese subconjunto sea α.

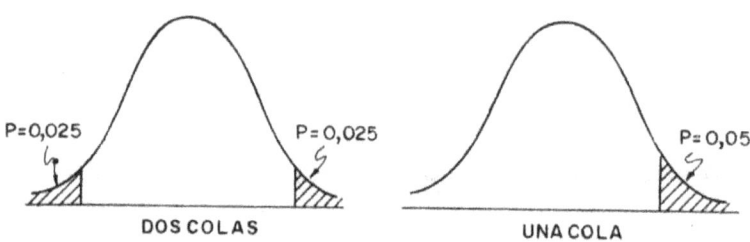

Fig. 17.- Región de aceptación y región de rechazo de Ho.

6. La decisión.

Si la estadística da un valor que está en la región de rechazo se rechaza Ho.

Cuando el valor calculado de la prueba estadística es mayor que el valor tabular para el mismo nivel de significación se rechaza Ho y el valor obtenido se dice que es significativo.

2.2.3. Pruebas de bondad de ajuste para datos de frecuencia.

Antes de entrar en estudio de métodos de trabajo que involucren variables continuas vamos a ver algunos métodos apropiados para el trabajo con variables discretas, los cuales son muy importantes en biología y en ecología.

Para esto necesitamos la aplicación de un Test de Bondad de Ajuste para nuestra distribución de frecuencias observadas a la distribución de frecuencias esperadas que representa nuestra hipótesis. De lo anterior se puede inferir que esto supone cambios en el planteo de las hipótesis de muestreo con respecto a lo visto anteriormente.

Puesto que este tipo de datos son conteos o eventos en cada una de las clasificaciones los métodos para su análisis son conocidos como **métodos de enumeración estadística**.

El método más ampliamente utilizado de este tipo es el test X^2, el cual fue introducido por Pearson (1900). También conviene mencionar el Test G conocido como método de probabilidad logarítmica y el test de Bondad de Ajuste de Kolmogorov-Smirnov, todos los cuales pueden ser clasificados como métodos **no paramétricos**.

2.2.3.1. X^2 de bondad de Ajuste.

Es muy frecuente obtener una muestra de datos en escala nominal e inferir si la población de la cual proviene se ajusta a cierta distribución teórica.

X^2 de bondad de ajuste para dos categorías.

El caso más sencillo es el de X^2 para dos categorías, que es el siguiente, p. ej., un genetista obtiene una progenie de 100 F2, a partir de un cruzamiento en el cual se plantea como hipótesis una proporción fenotípica de 3:1. Se obtienen 84 plantas de flores amarillas y 16 verdes, a pesar de lo que establece la hipótesis, que es de 75 amarillas y 16 verdes.

Nos podríamos entonces formular la siguiente pregunta ¿se desvían significativamente las frecuencias observadas (84 y 16) de las esperadas (75 y 25)?

El procedimiento estadístico para atacar este problema involucra primeramente el planteamiento de la hipótesis que se quiere probar. La hipótesis en este caso es que la población que ha sido muestreada tiene una proporción de 3:1 de plantas amarillas a plantas verdes. Estadísticamente esto se refiere como Hipótesis nula (Ho) porque plantea la no diferencia. Se concluye entonces que si Ho es falsa, luego H1 es cierta, es decir, que tiene una proporción diferente de 3:1.

La expresión para el cálculo es la siguiente:

$$X^2 = \sum_{i=1}^{k} (fi - Fi)^2 / Fi \quad \text{donde:}$$

fi: frecuencia observada de los conteos de la i ésima clase.
Fi: Frecuencia esperada de los conteos en la i-ésima clase.
$\sum$: Sumatoria para las k categorías de datos.

El procedimiento más cómodo consiste en la tabulación de los datos de la manera siguiente

Fenotipos o clases	Frecuencias Observadas (fi)	Frecuencias Esperadas (Fi)	(fi - Fi)/ Fi
Amarilla	84	75	$(84-75)^2/ 75$
Verdes	16	25	$(16-25)^2/ 25$

$X^2 = 1.08 + 3.24 = 4.32$

X^2 tab para $\alpha = 0.05$ y un grado de libertad = 3.84

Entonces X^2 calc > X^2 tab, por tanto se rechaza Ho.

Esto quiere decir que los datos observados son estadísticamente diferentes de la proporción esperada.

Los grados de libertad están dados por el número de categorías de frecuencia menos uno, en este caso que tenemos 2 categorías de frecuencia sería 2-1 = 1.

Corrección para continuidad

Los valores de X^2 obtenidos pertenecen a una distribución discreta o discontinua en los que pueden tomar solo algunos valores, sin embargo la distribución teórica X^2 es una distribución continua, es decir, que para un valor dado de g.l., p. ej. g.l = 2, es posible cualquier valor de X^2 por lo que los resultados de los análisis de X^2 son solo aproximaciones a la distribución teórica y nuestras conclusiones no estrictamente son reales para un nivel de significación establecido.

Esta situación se presenta enfatizada en el caso de que exista 1 g.l., y para ella se recomienda la **corrección de Yates para continuidad** (Yates, 1934), en que se resta 0.5 unidades al valor absoluto de fi - Fi, es decir:

$$X^2c = \sum_{i=1}^{k} \frac{(|f_i - F_i| - 0.5)^2}{F_i}$$

donde $X^2{}_c$ representa el valor X^2 calculado con la corrección para continuidad. De esta forma, retomando el ejemplo anterior donde existe 1 g.l.

$X^2c = (|84-75| - 0.5)2 / 75 + (|16-25|) - 0.5)2 /25$

$X^2c = 0.963 + 2.890 = 3.853$

Aunque en este caso se llega a la misma conclusión que sin la aplicación de la corrección, este no siempre es el caso. Sin el uso de la corrección para continuidad el X^2c se incrementa y puede causar el rechazo de Ho, lo cual no ocurre con el uso de la corrección.

Dicho de otra forma, al no aplicar la corrección y por ende aplicar la continuidad en estos casos puede provocar que se cometa el error de tipo I, es decir, aceptar la hipótesis H1 siendo Ho (Hipótesis alternativa) cierta.

Otro ejemplo. Se ha realizado un muestreo en una zona estuarina con el objetivo de realizar estudios sobre la biología de *Tellina* sp., una especie de bivalvo relacionado con los esteros y fondos arenosos. Se colectaron 80 valvas de ejemplares muertos de esta especie, de las cuales 70 fueron derechas y 10 izquierdas. Pruebe si la proporción observada se ajusta a lo que se debió esperar en el caso de que los individuos hubieran muerto por causas naturales.

1) H_o: Encontrar una proporción 0.5:0.5 de valvas derechas e izquierdas.

Hi: Lo contrario.

Valvas o clases	Frecuencias Observadas	Frecuencias Esperadas
Derechas	70	40
Izquierdas	10	40

2) $\alpha = 0.05$
   $k = 2$, $gl = 1$

3)

$$X^2 = (70 - 40)^2 / 40 + (10 - 40)^2 / 40 =$$

Luego, aplicando la corrección:

$$X^2 = (|70 - 40|-0.5)^2 / 40 + (|10 - 40|-0.5)^2 / 40$$

$$= 21.75 + 21.75 = 43.5$$

$X^2 c > X^2$ tab, por tanto se rechaza Ho.

3.1.2 Test de X^2 para más de dos categorías

Ejemplo. Hemos determinado que el fondo de una sección de un río es 50 % arena, 30 % roca y 20 % arcilla. También hemos observado la distribución de cierta especie de pez con respecto a este fondo, la cual es de 8 individuos en el área arenosa, 18 en el área rocosa y 4 en el área arcillosa (Tomado de WAID, R. inédito).

La hipótesis nula típica a formular sería que esta especie de pez no tiene preferencias por ninguno de los tres sustratos y la hipótesis alternativa es que no se distribuye independientemente, mostrando cierta preferencia por alguno de ellos.

Si Ho fuera cierta, y por ende los peces distribuidos de forma independiente al tipo de sustrato, esperaríamos que el 50 % de los peces (15 del total de 30 peces muestreados) se encontrarán en el área arenosa, el 30 % (9 peces) en el área rocosa y el 20 % (6 peces) en el área arcillosa.

Para comprobar si la distribución de ocurrencias observada se desvía significativamente de la esperada de acuerdo a la hipótesis nula, se emplea una prueba similar a la anterior, para lo cual primeramente tabulamos los datos obtenidos.

Después se calculan las frecuencias esperadas según la siguiente fórmula:

> **Fi = Frec. Relativa x Frecuencia**
> **de la Variable   Observada Total**

Ej:

Fi = 50/ 100 x 30 = 0.5 x 30 = 15

Sustratos	Frecuencias Observadas	Frecuencias Esperadas	$(fi-Fi)^2/Fi$
Arena	8	15	$(8-15)^2/15$
Roca	18	9	$(18-9)^2/9$
Arcilla	4	6	$(4-6)^2/6$
	30	30	

$X^2 = (8-15)^2/15 + (18-9)^2/9 + (4-6)^2/6 = 3.26 + 9 + 0.66 =$

$X^2 = 12.93$

X^2 tab para $\alpha = 0.05$ y 2 g.l. =

Por tanto rechazamos la Ho, es decir, la presencia de los peces está relacionada con el tipo de sustrato.

Hay que destacar que los cálculos para las pruebas de X^2 solamente utilizan datos de frecuencias y nunca porcentajes o proporciones.

Mientras mayor sea la disparidad entre las frecuencias observadas y las esperadas, mayor será el valor X^2 obtenido y menor la probabilidad de que la hipótesis nula sea cierta. El valor de X^2 crítico tabular se obtiene de una tabla de X^2.

2.2.3.2.- Pruebas de independencia.

En muchas situaciones los datos de enumeración se toman simultáneamente para dos variables y se desea probar la hipótesis de si las frecuencias de ocurrencias en las distintas categorías de una variable son independientes de las frecuencias en la segunda variable. La forma de tabular los datos en estas pruebas, es utilizando una tabla de doble entrada representada por las variables y las distintas categorías dentro de cada una de ellas, en tal caso se dice que los datos están arreglados según una **tabla de contingencia.**

Tablas de contingencia de 2x2.

La tabla de contingencia más pequeña es aquella que contiene solo dos filas y dos columnas y se conoce como **tabla de 2x2**. Este tipo de tabla se emplea con mucha frecuencia en investigaciones en biología. Para trabajar con este tipo de tabla es conveniente asignar letras a las casillas de la tabla y a los totales de filas y columnas de la siguiente forma:

a	b	a + b
c	d	c + d
a + c	**b + d**	**N**

La ecuación que permite el cálculo de X^2 en tablas de contingencia de 2x2 es:

$$X^2 = \frac{(ad - bc)^2 \, N}{(a+b)(c+d)(a+c)(b+d)}$$

En las tablas de 2x2 los grados de libertad se calculan como

$(r - 1)(c - 1) = 1$, donde:

r = filas (= 2)
c = columnas (= 2)

En este caso, al igual que en las pruebas de bondad de ajuste para dos categorías, se recomienda aplicar la corrección de Yates para continuidad.

La expresión de X^2 con la corrección es la siguiente:

$$X^2 = \frac{(|ad - bc| - n/2)^2 \ N}{(a+b)(c+d)(a+c)(b+d)}$$

La corrección se aplica cuando:

$$|ad - bc| > n/2,$$

si ocurre lo contrario y:

$$|ad - bc| <= n/2,$$

Entonces no se aplica la corrección.

Crow (1952) planteó que si $|ad - bc| <= n/2$, la corrección de Yates incrementará el valor de X^2 en lugar de reducirlo.

Según SOKAL & ROLHF (1981) las tablas de contingencia de 2X2 pueden ser diseñadas según 3 modelos estadísticos fundamentales:

Modelo I.- Se fija N en el estudio a realizar.

Modelo II.- Se fijan los totales marginales para una de las dos variables de clasificación, la graficada en las filas o la graficada en las columnas.

Modelo III.-.

Las pruebas de independencia actualmente propuestas para tablas de 2x2 pueden ser las siguientes:

1.- El test X^2 (ya analizado). Las tablas pueden ser elaboradas según los modelos I y II.

2.- La prueba G. Las tablas pueden ser elaboradas según los modelos I y II.

3.- La probabilidad exacta de Fischer. Las tablas pueden ser elaboradas según el Modelo III.

Ejemplo. Un ecólogo vegetal estudió 100 ejemplares de una especie de árbol. Para cada uno de ellos anoto si estaba arraigado en suelo de serpentina o no y si sus hojas eran pubescentes o lisas. Los datos obtenidos aparecen en el siguiente cuadro:

Tipo de suelo	Epidermis pubescente	Epidermis lisa	Total
Serpentina	12	22	34
No serpentina	16	50	66
Total	28	72	100

Formule sus hipótesis de trabajo y pruebe si el tipo de hoja esta o no relacionado con el tipo de suelo donde viven los ejemplares estudiados.

H_o: El tipo de hoja (pubescente o lisa) de cierta especie de planta no está relacionado con el tipo de suelo (Serpentina o no serpentina).

H_i: El tipo de hoja (pubescente o lisa) de cierta especie de planta está relacionado con el tipo de suelo (Serpentina o no serpentina).

En primer lugar se calcula |ad - bc|, sustituyendo;

$|(12)(50) - (22)(16)| = 248$, y como 248 es > que n/2 = 50, entonces se aplica la corrección de Yates:

$$X^2 = \frac{(|ad - bc| - n/2)^2 \ N}{(a+b) \ (c+d) \ (a+c) \ (b+d)}$$

Sustituyendo;

$$X^2 = \frac{(|(12)(50) - (22)(15)| - 50)^2 \ 100}{(34) \ (66) \ (28) \ (72)}$$

$X^2 = 0.87$, y en este caso

X^2 tab para $\alpha = 0.05$ y 1 gl = 3.84

por lo que se acepta H_o, es decir, que el tipo de hoja no está relacionado con el tipo de suelo.

Tablas de contingencia de RxC.

Este tipo de tabla denominada también prueba de independencia RxC se caracteriza porque R y C significan el número de filas y columnas en la tabla de frecuencias.

Para los análisis de bondad de ajuste denotamos la frecuencia observada en la i-ésima categoría de la variable estudiada como f_i. En una tabla de contingencia como tenemos dos variables, con como mínimo dos dimensiones cada una, denotamos las frecuencias observadas como f_{ij}. El significado de los subíndices se refiere a la frecuencia observada en la i-ésima fila y la j-ésima columna de la tabla de contingencia. De esta forma:

f_{11}= frecuencia observada en la fila 1 columna 1.

f_{23}= frecuencia observada en la fila 2 columna 3.

En este tipo de tablas R_i representa el total o frecuencia total en la i-ésima fila de la tabla donde:

es decir, $R_1 = f_{11} + f_{12} + ... + f_{1c}$;

$R_2 = f_{21} + f_{22} + ... + f_{2c}$, etc.

En esta tabla C_j representa la frecuencia total de la j-ésima columna.

es decir, $C_1 = f_{11} + f_{21} + ... + f_{r1}$;

$C_2 = f_{12} + f_{22} + ... + f_{r2}$, etc.

El número total de observaciones en todas las casillas de la tabla se denomina **Gran Total** y se denota con la letra G, y es simplemente el tamaño de la muestra.

G= $\sum$ fij = f11 + f12 + ... frc, y es simplemente n, el tamaño de la muestra.

Lo cual también se puede escribir como:

$$G = \sum_{ij} f_{ij}$$

Para este tipo de análisis en tablas de contingencias se usa la siguiente expresión:

$$X^2 = \sum \frac{(f_{ij} - F_{ij})^2}{F_{ij}} \qquad \text{donde:}$$

La fórmula para calcular las frecuencias esperadas en una tabla RxC es la siguiente:

$$F_{ij} = \frac{R_i \times C_j}{n}$$

Una vez que el X_2 ha sido calculado, su significación se prueba contra los valores tabulados para un nivel de significación establecida, pero para ello es necesario además calcular los grados de libertad.

La fórmula para calcular los grados de libertad es la siguiente:

$$g.l. = (r-1)(c-1)$$

Ejemplo. Se realizó un estudio para determinar varios aspectos de la biología de la araña *Argiope trifasciata*, que es una especie que vive asociada con el zacate (hierba) y puede habitar desde lugares secos hasta lugares muy húmedos. Se muestrearon 500 telas de araña y en ellas se identificó si presentaban o no estabilimento y se midió la longitud de la araña en cada caso. El objetivo de esta parte del estudio fue determinar si existía relación entre el tamaño de la araña y la presencia de estabilimento. El estabilimento es una estructura que aparece en las telas de varias familias de arañas y se plantea que tiene función de protección. Los datos se presentan en la siguiente tabla.

Estabili-mento	1 - 3 (mm)	3.1- 6 (mm)	6.1- 9 (mm)	9.1- 12 (mm)	12.1-15 (mm)	Total
Si	79(53)	96(81)	36(49)	15(36)	9 (25)	235
No	34(60)	77(92)	49(45)	61(40)	44(29)	265
Total	113	173	85	76	53	500

Las hipótesis de trabajo en este caso son las siguientes:

H_o: La presencia se estabilimento es independiente del tamaño de la araña.

H_i: La presencia de estabilimento está relacionada con el tamaño de la araña.

Fig. 18.- Araña en su tela con presencia de un estabilimento con cuatro brazos para reforzar la tela.

En primer lugar se calculan las frecuencias esperadas con la expresión ya estudiada. En la tabla las f_{ij} (frecuencias observadas) se presentan en cada casilla y las F_{ij} (frecuencias esperadas) se expresan al lado entre paréntesis, por lo tanto, el primer paso sería realizar el cálculo de las frecuencias esperadas F_{ij} para cada casilla.

$$F_{11} = \frac{113 \times 235}{500} = 53; \quad F_{12} = \frac{173 \times 235}{500} = 81; \ldots$$

$$F_{24} = \frac{53 \times 265}{500} = 29$$

se colocan en la tabla de contingencia entre paréntesis y se calcula X^2, según la expresión ya vista.

$$X^2 = \frac{(79 - 53)^2}{53} + \frac{(96 - 81)^2}{81} + \ldots \frac{(44 - 29)^2}{29} = \textbf{72.66}$$

Posteriormente se aplica la expresión del X^2.

$$(r-1)(c-) = (2-1)(5-1) = 4 \text{ gl}$$

En este caso el X^2 calculado es 72.66, valor que es mayor que el tabular para $\alpha = 0.05$ y 4 gl que es de 2.776, por lo que se rechaza significativamente la H_o, lo quiere decir que existe relación entre la presencia de estabilimento y el tamaño, ya que como se puede observar en los datos originales existe una disminución en la aparición de estabilimento cuando las arañas son más grandes.

2.2.4. Comparaciones entre variables (en una muestra).

2.2.4.1.- Diagramas de dispersión.

Un método más o menos simple para explorar la variabilidad de una población de datos, lo constituyen los diagramas de dispersión. Estos consisten en el simple ploteo de puntos al analizar dos variables medidas en la población en cuestión.

Para esto se confecciona un eje cartesiano **x** y **y** donde se plotea una variable en cada eje y se obtiene una nube de puntos. Si realizamos este análisis en varias poblaciones podremos tener una idea de como se comporta la variación general de los caracteres estudiados entre ellas.

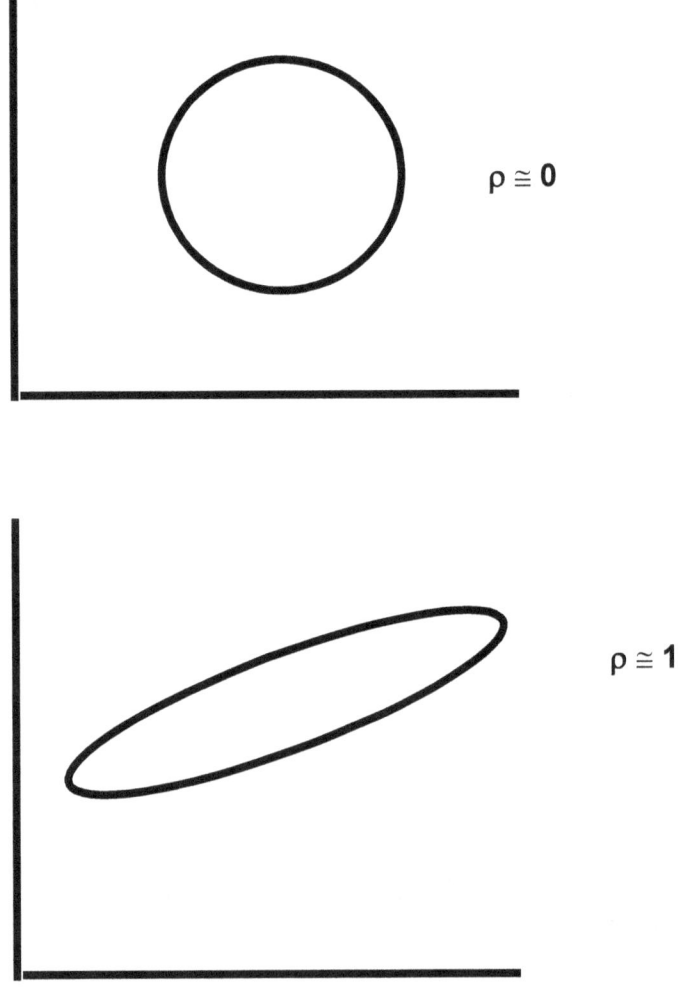

$\rho \cong 0$

$\rho \cong 1$

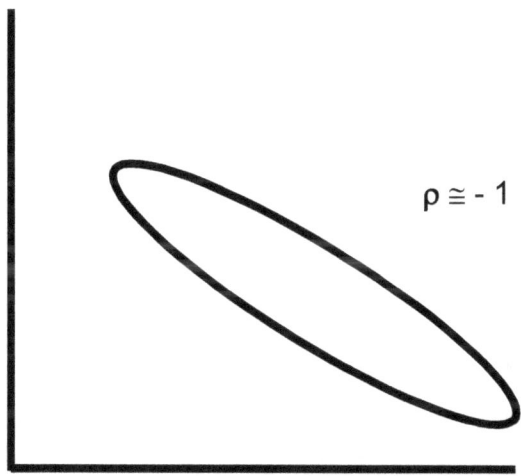

$\rho \cong - 1$

Ejemplo de un diagrama de dispersión con datos morfométricos procedentes de un estudio realizado en la especie *Ostrea iridescens* (PÉREZ *et al.* 2004).

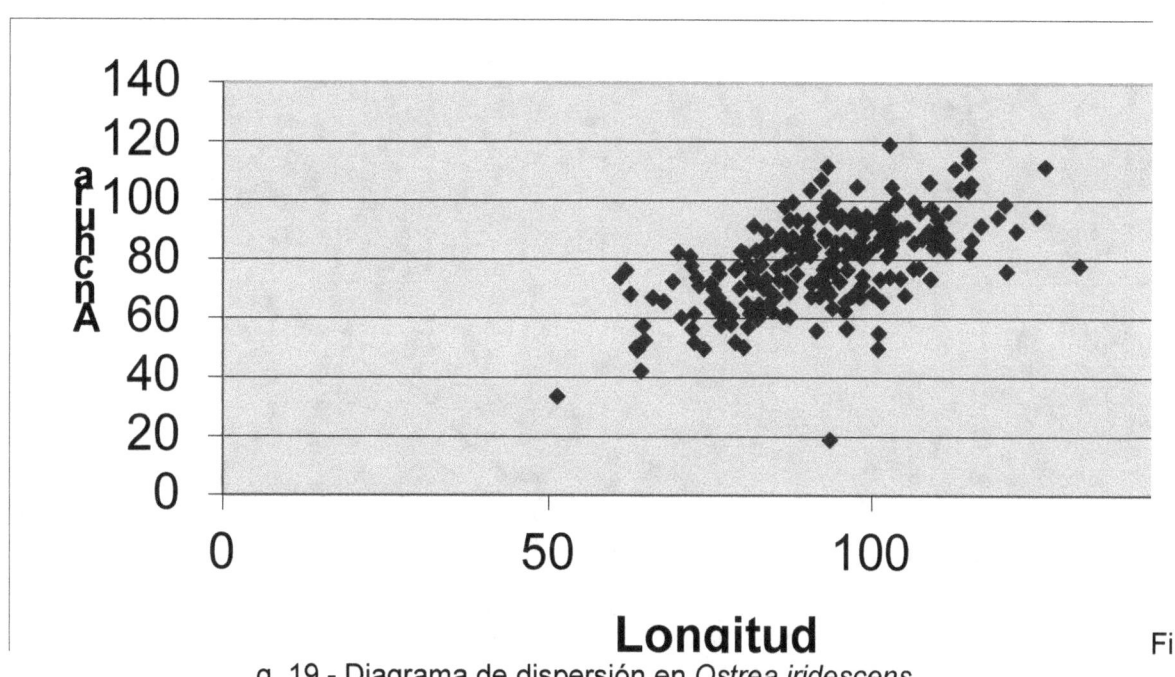

g. 19.- Diagrama de dispersión en *Ostrea iridescens*.

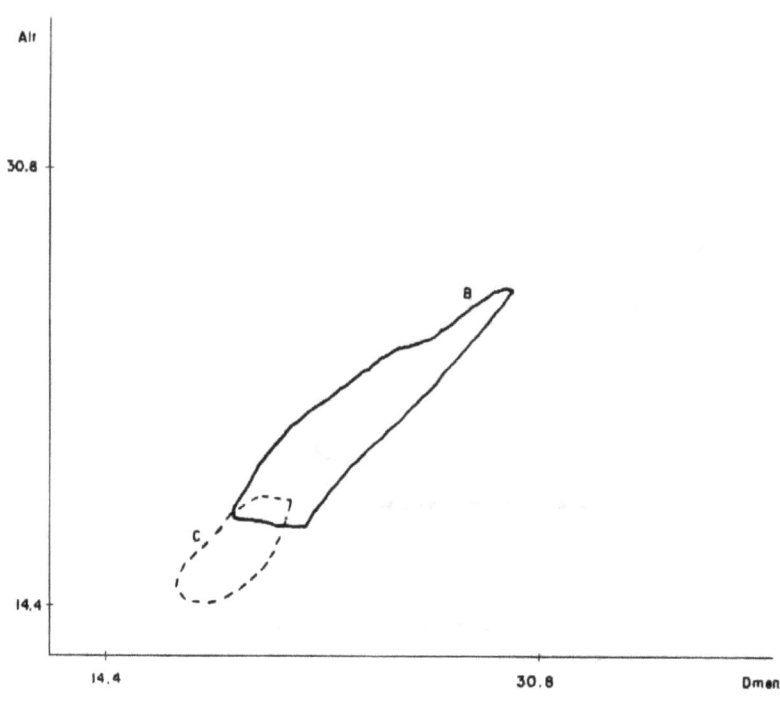

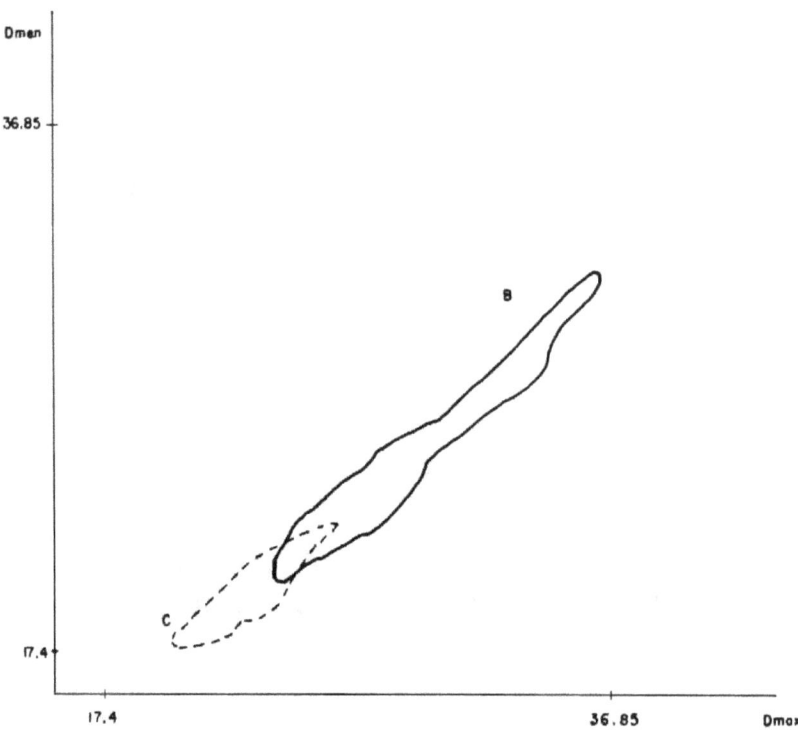

Fig. 20.- Bordes de los diagramas de dispersión en dos poblaciones de *Zachrysia auricoma* en el Jardín Botánico Nacional de Ciudad Habana, Cuba (Según PÉREZ, 1994).

2.2.4.2. Correlación y Regresión. Introducción.

Siempre ha existido mucha confusión en el contenido y materia de correlación y regresión. Muy frecuentemente los problemas de correlación son tratados como regresión y viceversa.

Una de las razones por las que ocurre lo anterior es porque las relaciones matemáticas entre los dos métodos de análisis están muy vinculadas y matemáticamente una puede convertirse en la otra.

Otro aspecto que debe mencionarse, es que muchos textos recientes no hacen distinción entre los dos métodos de una forma suficientemente clara.

Es posible calcular fácilmente un coeficiente de correlación a partir de datos que fueron propiamente analizados por una regresión modelo I. Este coeficiente no tiene significado como estimado de cualquier coeficiente de correlación poblacional.

Por otra parte, podemos evaluar un coeficiente de regresión de una variable sobre otra en datos que han sido calculados propiamente como correlaciones. Se puede comprobar que un coeficiente de regresión convencional calculado a partir de datos en los cuales ambas variables se miden con error da lugar a estimados sesgados de la relación funcional.

En la regresión intentamos describir la dependencia de una variable Y a partir de una variable independiente X. Las ecuaciones de regresión se utilizan con la finalidad de apoyar las hipótesis que tienen que ver con la causa posible de cambios en Y a partir de cambios en X, o con propósitos predictivos de Y en términos de X y con el propósito de explicar parte de la variación de Y por X, usando la última variable como un control estadístico.

En la correlación, nos interesa si las dos variables son interdependientes o si covarían, es decir, si varían juntas. No expresamos una como una función de la otra. No existe distinción entre variables dependientes e independientes.

Pudiera ser que en el par de variables que se estudia, una sea la causa de la otra, pero no asumimos esto.

2.2.4.3. Correlación.

Existen numerosos coeficientes de correlación en estadística, pero el más común de ellos es el denominado **Coeficiente Producto- Momento** de Pearson (1901).

$$r_{12} = \frac{SP\ Y_1Y_2}{\sqrt{(SCY_1)(SCY_2)}}$$

Donde:

$$SCY_1 = \Sigma\, Y_1 - \frac{(\Sigma\, Y_1)^2}{n}$$

$$SCY_1 = \Sigma\, Y_2 - \frac{(\Sigma\, Y_2)^2}{n}$$

$$SPY_1Y_2 = \Sigma\, Y_1Y_2 - \frac{\Sigma\, Y_1 \Sigma\, Y_2}{n}$$

Ejemplo. Nos interesa saber si existe correlación entre dos variables en una muestra de 12 cangrejos. Estas son el peso de la cola (Y_1) y el peso corporal (Y_2). Se midió n = 12 (Tomado de SIGARROA, 1985).

Cola Y1	Cuerpo (mg) Y2
159	14.40
179	15.20
100	11.30
45	2.50
384	22.70
230	14.90
100	1.45
320	15.81
80	4.19
220	15.39
320	17.25
210	9.52

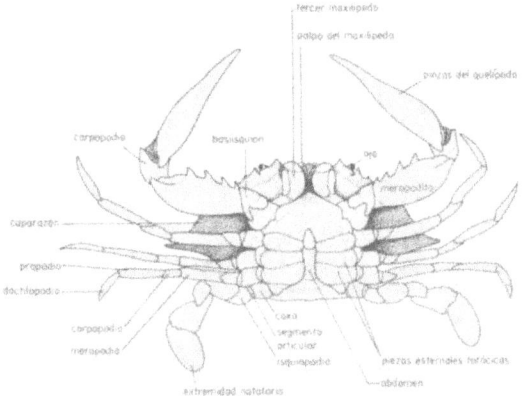

Fig. 21.- Cangrejo en vista ventral para observación del abdomen (Tomado de BARNES, 1977).

Fórmula de la Correlación de Pearson (1901):

$$r_{12} = \frac{SP\ Y_1Y_2}{\sqrt{(SCY_1)(SCY_2)}}$$

Donde:

$$SPY_1Y_2 = \Sigma\ Y_1Y_2 - \frac{(\Sigma Y_1)(\Sigma Y_2)}{n}$$

$$SCY_1 = \Sigma\ Y_1^2 - \frac{(\Sigma Y_1)^2}{n}$$

$$SCY_2 = \Sigma\ Y_2^2 - \frac{(\Sigma Y_2)^2}{n}$$

Sustituyendo:

$$SCY_1 = \Sigma\ Y_1^2 - \frac{(\Sigma Y_1)^2}{n}$$

$$= 583403 - \frac{(2347)^2}{12} = 124368.92$$

$$SCY_2 = \Sigma\, Y_2{}^2 - \frac{(\Sigma Y_2)^2}{n}$$

$$= 2204.19 - \frac{(144.57)^2}{12} = 462.48$$

$$SPY_1Y_2 = \Sigma\, Y_1Y_2 - \frac{(\Sigma Y_1)(\Sigma Y_2)}{n}$$

$$= 34\,837.10 - \frac{(2347)\,(144.57)}{12} = 6561.62$$

$$r_{12} = \frac{SP\, Y_1Y_2}{\sqrt{(SCY_1)\,(SCY_2)}}$$

$$= \frac{6561.617}{\sqrt{(124368.92)\,(462.48)}} = 0.8652$$

Para realizar las pruebas de significación se busca en la tabla de la r de Pearson para α= 0.05 o α= 0.01 y n - 2 g.l.

r α = 0.05 = 0.576
  10 gl

     0.01 = 0.708

2.2.4.4. Regresión.

Muchos aspectos científicos tienen que ver con la relación entre pares de variables en las que se plantea la relación causa-efecto. Una función es una relación matemática que nos permite predecir que valores de una variable (y) corresponden a determinados valores de otra variable (x). Tal relación se describe como:

Y= F (x).

El tipo más simple de regresión sigue la ecuación Y = X que se ilustra en la siguiente figura:

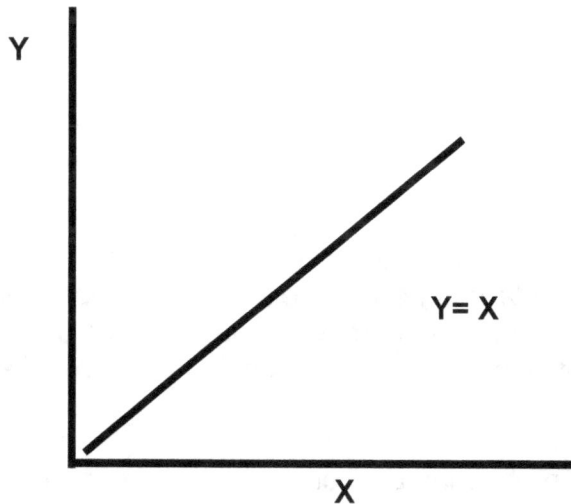

Donde la recta es bisectriz del primero y el cuarto cuadrante.

En la siguiente figura aparece un nuevo elemento multiplicando la variable independiente **X**, este coeficiente representa la pendiente de la recta (**b**).

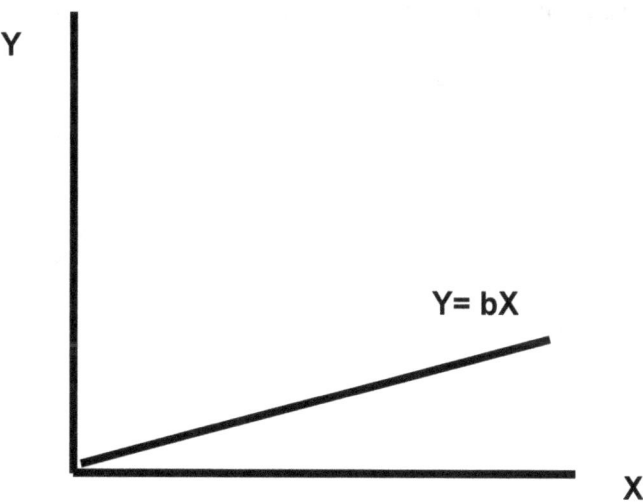

En la próxima figura aparece un gráfico hipotético donde aparece un nuevo componente que conforma la expresión de la recta: el intercepto.

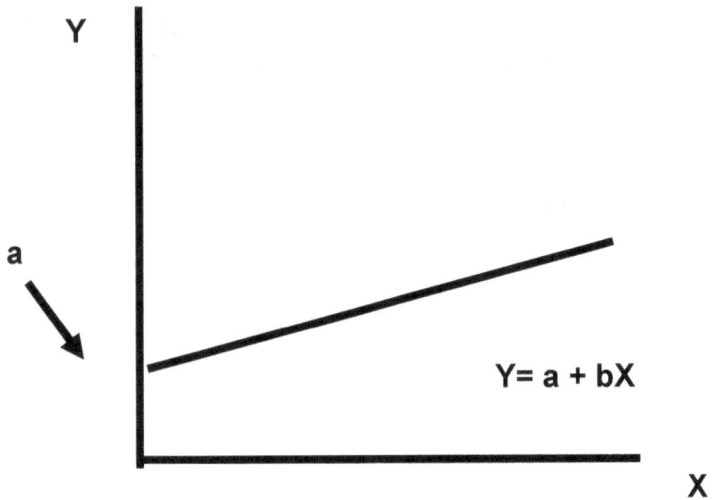

En estadística b, la pendiente de la recta, es el coeficiente de regresión y la función se denomina ecuación de regresión. Esta nos permite relacionar la dependencia de una variable Y como función de la variable X, mediante alguna ecuación matemática. Cuando se quiere recalcar que el coeficiente de regresión es de la variable Y sobre la variable X escribimos byx.

El método aplicado para resolver los problemas concernientes a la regresión implica la estimación de los parámetros A y B mediante el método de los mínimos cuadrados lo cual garantiza un estimador óptimo.

Este es un método sencillo que se basa en una muestra de n valores de Yi tomadas para diferentes X, del que se obtendrán los estimados de **A** y **B**, es decir, **a** y **b**.

La expresión de a se obtiene despejando en la ecuación de la recta:

Y = a + bx.

$$b = \frac{\sum xy \ - \ \sum y \, \sum x}{\sum x^2 \ - \ \dfrac{(\sum x)^2}{n}}$$

$$a = \frac{\sum y}{n} \ - \ b \, \frac{\sum x}{n}$$

Ejemplo: En una muestra de una población del caracol terrestre *Beckianum beckianum* se midieron al azar las variables longitud y diámetro. Determine cuanto varía la variable dependiente (Diámetro) con respecto a la variable independiente (Longitud) y complete la ecuación de regresión.

Longitud	Diámetro
9.8	3.5
9.1	3.0
9.1	3.1
9.0	3.0
8.5	3.2
9.0	3.1
8.5	3.2
10.3	3.2
9.6	3.2
9.4	3.2
8.6	3.0
9.7	3.4

Fig. 22.- *Beckianum beckianum.*

Pasos previos:

$\sum Y = 38.1$

$\sum Y^2 = 121.23$

$\sum Y/n = 3.17$
$\sum X = 110.7$

$\sum X/n = 9.225$

$(\sum Y)^2 = 1451.61$

$(\sum Y)^2/n = 1451.61/12 = 120.97$

$\sum Y \sum X = 38.1 \times 10.7 = 4217.67$

$\sum Y \sum X/n = 351.47$

$\sum XY = 351.96$
$\sum X^2 = 1024.65$

$(\sum X)^2 = 12254.40$

$(\sum X)^2/n = 1021.21$

Fórmula de la regresión:

$$b = \frac{\sum XY - \sum Y \sum X/n}{\sum X^2 - (\sum X)^2/n}$$

Sustituyendo:

$$b = \frac{351.96 - 351.47}{1024.65 - 1021.21} = \frac{0.49}{3.44} = \mathbf{0.14}$$

$$a = \frac{\sum X}{n} -- b\, \frac{\sum Y}{n}$$

a= 3.17 – 0.14 x 9.225

a= 3.17 – 1.2915

a= 1.8785 = 1.88

Ecuación de la recta:

Y = 1.88 + 0.14 X

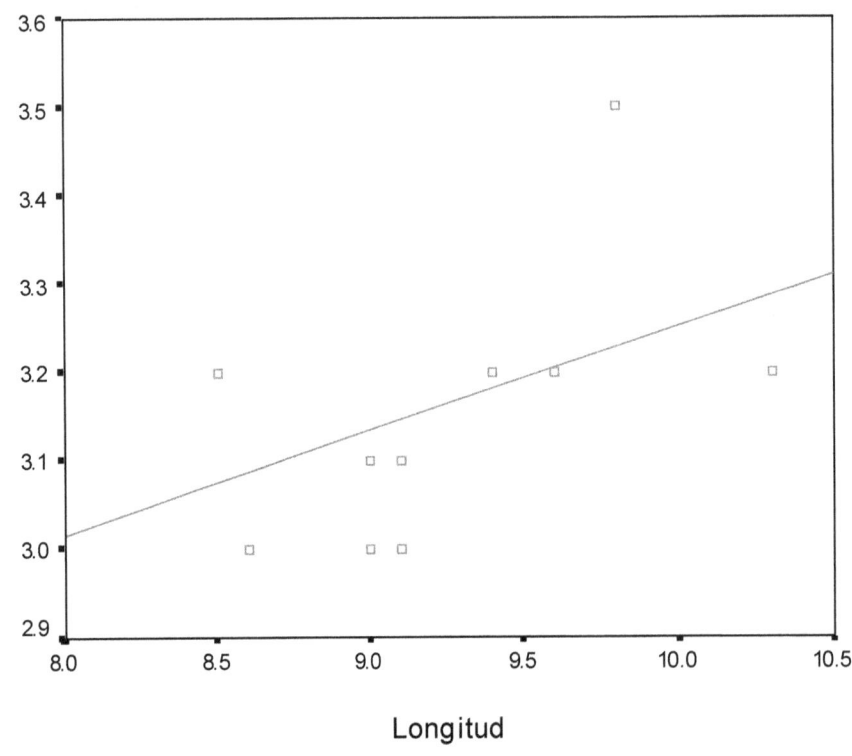

Fig. 23.- Diagrama de dispersión de los datos y recta de mejor ajuste.

2.2.4.5. Correlación no paramétrica. Prueba de Spearman.

Si se poseen datos de una población bivariada que no es normal, entonces no puede aplicarse la correlación lineal. Debe utilizarse en este caso la correlación por rangos. Este procedimiento debe aplicarse siempre que nuestros datos no muestren los requerimientos de los análisis que hemos visto, aunque las pruebas de hipótesis resultantes para la correlación poblacional no son tan potentes como la r.

Los biólogos han aplicado dos métodos diferentes de correlación por rangos. El más utilizado es el propuesto por Spearman (1904) y el otro es el descrito por Kendall (1962).

El coeficiente de correlación de Spearman se aplica mediante la asignación de rangos a cada variable por separado. Se calcula:

$$R_s = 1 - \frac{6 \sum\limits_{i=1}^{n} (d_i)^2}{n^3 - n} \quad \text{donde;}$$

d_i es una diferencia entre los rangos Y_1 y Y_2.

El valor r_s es un estimado del coeficiente de correlación por rangos poblacional R_s, cuyo intervalo es -1, +1 y no tiene unidades, no obstante su valor no puede esperarse que sea el mismo que el valor de r al cual se calcula con base en los datos originales en lugar de sus rangos.

Si n es mayor que la n de los valores tabulados, entonces las hipótesis para la significación de la correlación por rangos deben ser llevadas a cabo y discutida para r_{12}, los valores del coeficiente de Pearson.

La correlación por rangos de Kendall no será analizada. En este procedimiento el coeficiente de correlación muestral se designa como Tao (caso excepcional en el que se utiliza una letra griega para denotar un estadístico). El valor de Tao para un grupo particular de datos no tiene porqué parecerse al valor de Rs calculado para los mismos datos.

Ejemplo. Se tomó una muestra de 12 aves a las que se les midió la longitud de las alas (Y_1) y la longitud de las colas (Y_2). Calcule la correlación por rangos de Spearman para estas variables (Ejemplo tomado de SIGARROA (1985).

Y_1 -- Longitud de las alas
Y_2 -- Longitud de las colas

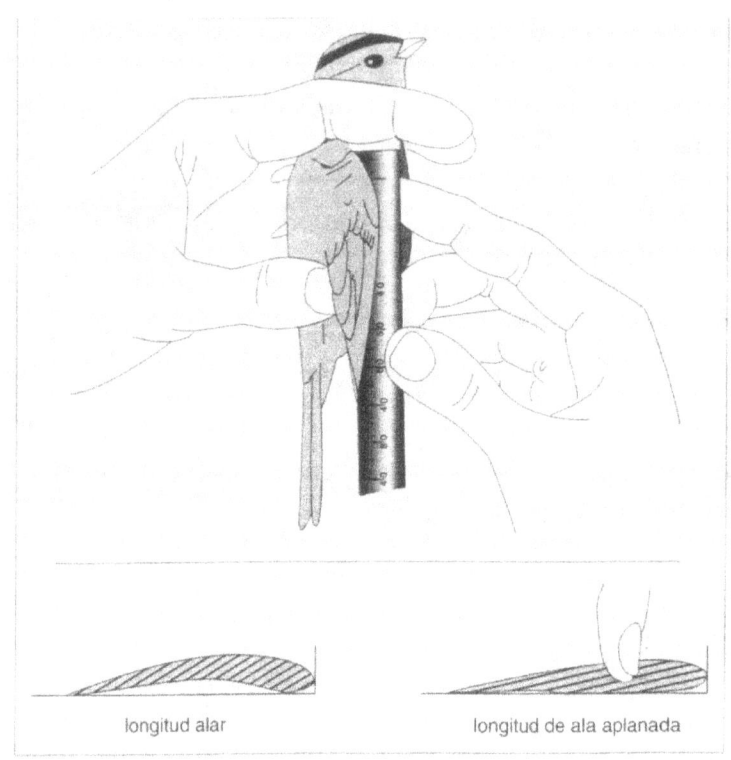

longitud alar   longitud de ala aplanada

Fig. 24.- Medición del ala de un ave (Tomado de RALPH *et al.* 1996).

Y_1	RY_1	Y_2	RY_2	D_i	D_i^2
10.4	4	7.4	5	-1	1
10.8	8.5	7.6	7	1.5	2.25
11.1	10	7.9	11	-1	1
10.2	1.5	7.2	2.5	-1	1
10.3	3	7.4	5	-2	4
10.2	1.5	7.1	1	0.5	0.25
10.7	7	7.4	5	2	4
10.5	5	7.2	2.5	2.5	6.25
10.8	8.5	7.8	9.5	-1	1
11.2	11	7.7	8	3	9
10.6	6	7.8	9.5	-3.5	12.25
11.4	12	8.3	12	0	0

n = 12 $(d_i)^2$ = 42   g.l. = n - 2

$$r_s = 1 - \frac{6 \sum\limits_{i=1}^{n} (d_i)^2}{n^3 - n} = 1 - \frac{6\,(42)}{1716}$$

r_s = 1 - 0.147 = 0.853, r_s α = 0.05 ; 2 colas; 10 gl = 0.587

86

2.3. VARIACIÓN INTERPOBLACIONAL (PRUEBA T, ANÁLISIS DE LA VARIANZA (ANOVA) Y PRUEBA DE KRUSKALL-WALLIS).

2.3.1. Prueba T de Student.

2.3.1.1.-Prueba T de Student para dos muestras del mismo tamaño.

La distribución T de Student fue descubierta por W.S. Gossett en 1908 y perfeccionada por Ronald Fischer en 1926. Al igual que la distribución normal, es simétrica y se extiende desde $-\infty$ hasta $+\infty$, pero toma diferentes formas dependiendo de los grados de libertad.

Existen dos casos generales en los que se aplica la prueba T de Student:

1) Cuando se trabaja con dos muestras, en cuyo caso estas pueden ser muestras independientes y muestras relacionadas. En el presente documento sólo se estudiará el caso de muestras independientes, y en este caso las mismas pueden ser:

A. De igual tamaño.

$$T = \frac{\mid X_1 - X_2 \mid}{\sqrt{1/n \left(S_1^2 + S_2^2 \right)}}$$

g.l. = 2 (n - 1)

B. De diferente tamaño.

$$T = \frac{\mid \overline{X_1} - \overline{X_2} \mid}{\sqrt{\left[\dfrac{(n_1 - 1) S_1^2 + (n_2 - 1) S_2^2}{n_1 + n_2 - 2} \right] \left(\dfrac{n_1 + n_2}{n_1 \; n_2} \right)}}$$

g.l. = $n_1 + n_2$ - 2

2) Cuando se trabaja con una muestra y un individuo.

$$T = \frac{|\,X_1 - \bar{X}_2\,|}{S_2 \ \sqrt{(n_2 + 1)/n_2}}$$

g.l. = n_2 - 1

Ejemplo. Se midieron las longitudes en los individuos recién salidos de dos nidos diferentes de la tortuga marina ***Lepidochelys olivacea*** (Paslama), en la Reserva Natural Playa La Flor, Departamento de Rivas.

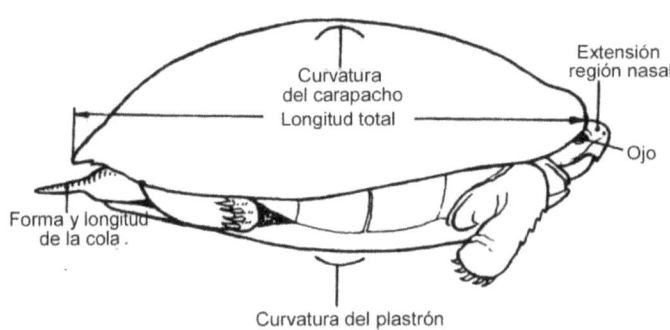

Fig. 25.- Mediciones en tortugas (Tomado de OBST, 1986).

Estadísticos	Longitud Nido 1	Longitud Nido 1
	35.6	43.2
	43.7	43.4
	35.9	45.9
	40.2	42.3
	43.1	43.6
	41.2	45.0
	41.7	36.7
	43.0	41.3
	41.5	42.3
	41.3	42.1
	42.9	42.9
	43.3	39.3
$\sum X$	493.40	508.00
$(\sum X)^2$	243443.56	258064
$\sum X/n$	41.12	42.33

Se aplica la expresión para muestras de igual tamaño:

$$T = \frac{|\bar{X}_1 - \bar{X}_2|}{\sqrt{1/n\,(S_1^2 + S_2^2)}}$$

g.l. = 2 (n - 1)

Se calcula la desviación estándar.

$$S^2 = \frac{\sum X^2 - (\sum X)^2/n}{n - 1}$$

$$S^2_1 = \frac{\sum X^2 - (\sum X)^2/n}{n - 1} = \frac{}{11} = \frac{}{11}$$

$$S^2_1 = \frac{3.44}{11} = \mathbf{7.37}$$

$$S^2_2 = \frac{\sum X^2 - (\sum X)^2/n}{n - 1} = \frac{}{11} = \frac{}{11}$$

$$S^2_2 = \frac{}{11} = \mathbf{5.98}$$

Sustituyendo:

$$T = \frac{|\bar{X}_1 - \bar{X}_2|}{\sqrt{1/n\,(S_1^2 + S_2^2)}} = \frac{|41.12 - 42.33|}{\sqrt{1/12\,(7.37 + 5.98)}} = \frac{1.21}{\sqrt{0.08 \times 13.35}} = \frac{1.21}{\sqrt{1.07}}$$

$$T = \frac{1.21}{1.03} = \mathbf{1.17}$$

g.l.= 2(n-1) = 2(12-1) = 2 x 11 = 22 gl.

T tab = 2.074

Para 22 g.l y alfa = 0.05

Comparando: T calc < T tab, se acepta Ho.

2.3.2.2.- Prueba T para una muestra y un individuo (Según PÉREZ & ESPINOSA, 1994).

Se midieron los diámetros de una muestra de caracoles de la especie *Caracolus sagemon marginelloides,* y de un ejemplar de la misma población cuyo sentido de la abertura es sinistrorso y por consiguiente diferente al de los otros individuos.

Se debe mencionar que el sentido de la abertura en caracoles suele ser dextrorso, es decir, a la derecha si se sostiene al caracol de frente al observador con el ápice hacia arriba.

Compruebe si el individuo sinistrorso es estadísticamente similar a los otros para las variables medidas.

Ejemplar	Diámetro Máximo	Diámetro Menor	Altura
1	35.86	30.12	19.59
2	32.75	28.98	18.02
3	35.95	30.93	19.46
4	34.71	29.80	19.33
5	34.98	30.58	19.33
6	35.78	30.45	16.84
7	37.11	31.93	20.66
8	36.91	32.38	19.06
9	33.68	29.47	19.01
10	34.73	30.51	20.21
11	34.60	30.37	18.25
$\sum x$			
$(\sum x)^2$			
$\sum x^2$			
Sinistro	**31.57**	**27.55**	**17.43**

Seleccionamos el **diámetro máximo** como variable de interés.

Hipótesis:

Ho: $\mu_1 = X$
Hi: $\mu_1 \neq X$

S= 1.3072
X= 35.1873

$$T = \frac{|\bar{X_1} - X_2|}{S_2 \quad \sqrt{(n_2 + 1)/n_2}}$$

g.l. = $n_2 - 1$

Sustituyendo:

$$T = \frac{|31.57 - 35.1873|}{1.3072 \quad \sqrt{(11 + 1)/11}}$$

$$T = \frac{3.62}{1.36} = \mathbf{2.66}$$

g.l. = 11-1= 10

Ttab = 2.228

Tcalc > T tab, por consiguiente se rechaza Ho, es decir, que existen diferencias entre el diámetro de la muestra y el diámetro del individuo sinistro.

2.3.1.3.-Prueba T para comparación de pendientes de regresión.

1) En una muestra de una población del caracol terrestre *Beckianum beckianum* se midieron al azar las variables longitud y diámetro (Previamente calculado).

Longitud	Diámetro
9.8	3.5
9.1	3.0
9.1	3.1
9.0	3.0
8.5	3.2
9.0	3.1
8.5	3.2
10.3	3.2
9.6	3.2
9.4	3.2
8.6	3.0
9.7	3.4

Pasos previos:

$\sum Y = 38.1$

$\sum Y^2 = 121.23$
$\sum Y/n = 3.17$

$\sum X = 110.7$

$\sum X/n = 9.225$

$(\sum Y)^2 = 1451.61$

$(\sum Y)^2/n = 1451.61/12 = 120.97$

$\sum Y \sum X = 38.1 \times 10.7 = 4217.67$

$\sum Y \sum X/n = 351.47$
$\sum XY = 351.96$

$\sum X^2 = 1024.65$

$(\sum X)^2 = 12254.40$

$(\sum X)^2/n = 1021.21$

Fórmula de la regresión:

$$b = \frac{\sum XY - \sum Y \sum X/n}{\sum X^2 - (\sum X)^2/n}$$

Sustituyendo:

$$b = \frac{351.96 - 351.47}{1024.65 - 1021.21} = \frac{0.49}{3.44} = \mathbf{0.14}$$

$$a = \frac{\sum X}{n} - b \frac{\sum Y}{n}$$

a= 3.17 – 0.14 x 9.225

a= 3.17 – 1.2915

a= 1.8785 = 1.88

Ecuación de la recta:

Y = 1.88 + 0.14 X

Datos de *Beckianum sinistrum.*

Datos originales:

Longitud	Anchura
9.9	3.1
10.7	3.2
9.6	3.1
9.8	3.1
8.1	2.9
8.1	3.5
11.3	3.3
10.1	3
9.5	3
9.3	3
9.4	3
9.4	3.1

$\sum$ Y= 37.3

$\sum$ Y^2= 116.23

$\sum$ Y/ n= 3.10

$\sum$ X= 115.2

$\sum$ X/ n= 9.6

$(\sum$ Y$)^2$= 1391.29

$\sum$ Y $\sum$ X= 4296.96

$\sum$ Y $\sum$ X/n= 358.08

$\sum$ XY= 358.24

$\sum$ X^2= 1115.08

$(\sum$ X$)^2$= 13271.04

$(\sum$ X$)^2$/n= 1105.92

$(\sum Y)^2/n = 115.94$

Fórmula de la regresión:

$$b = \frac{358.24 - 358.08}{1115.08 - 1105.92\ 9.16} = \frac{0.16}{9.16} = \mathbf{0.02}$$

Comparación entre las dos pendientes.

Fórmulas de trabajo:

$$T = \frac{b1 - b2}{S_{b1-b2}}$$

Donde:

g.l. = n1 + n2 – 4

S_{b1-b2} : Error estándar b1-b2

$$S_{b1-b2} = \sqrt{\frac{(S^2yx)p}{SCx1} + \frac{(S^2yx)p}{SCx1}}$$

$(S^2yx)p$: Cuadrado Medio Residual Reunido

$$(S^2yx)p = \frac{(SCresidual)1 + (SCresidual)1}{(g.l.\ residual)1 + (g.l.\ residual)2}$$

SCresidual: Sumatoria de Cuadrados Residual.

$$SCresidual = SCy - \frac{(SPxy)^2}{SCx}$$

Ejemplo. Comparación de pendientes en *B. beckianum* y *B. sinistrum*.

Ho: $\beta 1 = \beta 2$
Hi: $\beta 1 \neq \beta 2$

Paso 1.- SCresidual: Sumatoria de Cuadrados Residual.

$$SCresidual1 = SCy - \frac{(SPxy)^2}{SCx} = 121.23 - \frac{(351.96)^2}{1024.65}$$

$$= 121.23 - 120.89 = \mathbf{0.34}$$

$$SCresidual2 = SCy - \frac{(SPxy)^2}{SCx} = 116.23 - \frac{(358.24)^2}{1115.08}$$

$$= 116.23 - 115.09 = \mathbf{1.14}$$

g.l. residual1 = 12 − 2 = 10

g.l. residual2 = 12 − 2 = 10

Paso 2.- $(S^2yx)p$: Cuadrado Medio Residual Reunido.

$$(S^2yx)p = \frac{0.34 + 1.14}{10 + 10} = \frac{1.48}{20} = 0.074$$

Paso 3.- S_{b1-b2} : Error estándar b1-b2

$$S_{b1-b2} = \sqrt{\frac{0.074}{1024.65} + \frac{0.074}{1115.08}} = \sqrt{0.00014} = \mathbf{0.012}$$

Paso 4.- Cálculo de T.

$$T = \frac{0.14 - 0.02}{0.012} = \frac{0.12}{0.012} = \mathbf{10}$$

g.l de T= g.l. Residuo 1 + g.l. residuo 2 = 20 gl

Ttab (20 gl) = 2.08
α= 0.05

Como Tcalc > Ttab se rechaza Ho.

2.3.2. Prueba de Mann- Whitney.

Para esta prueba, así como para otros métodos no paramétricos, las mediciones originales no son utilizadas, sino que se utilizan los rangos de las mediciones. Los datos pueden ser ranqueados tanto del mayor al menor como del menor al mayor.

El estadístico que se calcula se llama U y se obtiene mediante la siguiente expresión:

$$U = n_1 n_2 + \frac{n_1(n_1+1)}{2} - R_1 \quad (1) \text{ donde:}$$

n_1 y n_2 son los números de observaciones en las muestras 1 y 2 respectivamente y

R1 es la suma de los rangos de las observaciones en la muestra 1.

Ejemplo. Se presentan a continuación las longitudes de ala (mm) de seis machos y ocho hembras del pájaro Carbonero Común *Parus major* (FOWLER & COHEN, 1999). Se han ordenado por conveniencia de menor a mayor.

Machos	R	Hembras	R
73	5	71	1
74.3	8.5	71.5	2
75	10	72	3
75.3	12	72.4	4
75.5	13	73.5	6.5
75.8	14	73.5	6.5
		74.3	8.5
		75.2	11
n1=6	**R1=62.5**	**n2=8**	**R2=42.5**

Ho: Las longitudes de las alas son iguales en machos y hembras.
Hi: Las longitudes de las alas son diferentes en machos y hembras.

Fórmulas de trabajo.

$$U = n_1 n_2 + \frac{n_1(n_1+1)}{2} - R_1 \quad (1) \text{ donde:}$$

U' = n1n2 - U

Sustituyendo:

$$U = 6 \times 8 + \frac{6(6+1)}{2} - 62.5 = 48 + \frac{42}{2} - 62.5$$

= **6.5**

U' = 6 x 8 – 6.5 = **41.5**

En el caso de la Prueba U de Mann Whitney se puede tomar la decisión de dos maneras diferentes en dependencia de la tabla de que se disponga. Esto siempre será aclarado por los autores, de manera que no existirá confusión. En caso que se utilice la tabla de Sigarroa (1985) la decisión se tomará como hasta el momento con las otras pruebas estudiadas. No obstante, por razones de comodidad en este libro hemos incluido la tabla de FOWLER y COHEN (1999), que supone la toma de la decisión de manera inversa.

Utab (Sigarroa)= 40

Utab (Fowler y Cohen)= 8

Por ejemplo, en ese caso concreto se selecciona el menor de los dos valores de U y se compara con el valor tabular:

Uc= **6.5**

Utab (Fowler y Cohen)= **8**

Como el valor calculado es menor que el tabular se rechaza Ho.

2.3.3. ANOVA (Análisis de la Varianza).

2.3.3.1.-Conceptos generales.

Cuando nos enfrentamos con la necesidad de comparar más de dos muestras en datos que siguen distribución normal, la prueba T de student ya no cumple con los requisitos necesarios, se utiliza entonces la prueba conocida como Análisis de Varianza, la cual utiliza el estadístico F.

El análisis de varianza es un ejemplo de la aplicación del Test F (distribución F de Snedecor). Fue desarrollado por Fischer y utilizado principalmente en la investigación agrícola, pero posteriormente ha encontrado aplicación en casi todas las disciplinas científicas.

El análisis de varianza se basa en la división de la suma de cuadrados total de las desviaciones y los grados de libertad y localizar las fuentes de variación.

Para realizar el método de cálculo abreviado del ANOVA nos basaremos en el Método de los Mínimos Cuadrados.

2.3.3.2.-Análisis de varianza (ANOVA). Premisas.

Todos los ANOVA requieren que el muestreo sea aleatorio. De ahí, por ejemplo, que en un estudio sobre los efectos de 3 dosis de una droga (más el control) en grupos de 5 ratas, las 5 ratas asignadas a cada tratamiento deben ser tomadas aleatoriamente.

Si las 5 ratas empleadas como control son las más jóvenes, o las más pequeñas, o las de mayor peso, mientras las que reciben los otros tratamientos son seleccionadas de una manera distinta, seguramente que los resultados no serán apropiados como para producir un estimado insesgado de los verdaderos efectos de los tratamientos.

La falta de aleatorización en la selección muestral se reflejará en la pérdida de independencia de los errores experimentales, o en la obtención de varianzas heterogéneas en los grupos o en la obtención de una distribución que se aleja de la distribución normal. Es esencial asegurar un muestreo aleatorio durante el diseño de un experimento o en el muestreo de poblaciones naturales.

Las principales premisas que debe cumplir un ANOVA son:

1) Aleatorización.

2) Independencia de errores experimentales.

3) Homogeneidad de varianzas.

4) Normalidad.

Como veremos, después de no cumplirse algunas de estas premisas, se pueden entonces transformar los datos a una nueva escala. Cuando estas transformaciones no resuelven la situación, deberá recurrirse entonces a las técnicas **no paramétricas**.

2.3.3.3.-ANOVA. Modelo I y Modelo II. Diseño completamente al azar.

Existen tres modelos generales de trabajo en estadística, los modelos de efectos fijos, de efectos aleatorios y los modelos mixtos.

En el primer caso se refiere a cuando en un experimento los tratamientos usados son de interés específico y fijados por el investigador, a este también se le llama modelo I (Eisenhart, 1947).

El modelo de efectos aleatorios es aquel en el cual los efectos para cada grupo no son tratamientos fijados de antemano, sino efectos aleatorios; también es llamado modelo II (Eisenhart, 1947).

El modelo es mixto cuando algunos de los efectos son fijos y otros son aleatorios.

En el modelo I y en el modelo II los cálculos son iguales, es en las pruebas de significación donde difieren. En el modelo I estimamos medias, subdividiendo las diferencias entre tratamientos en comparaciones separadas y estableciendo límites de confianza.

En el modelo II estimamos componentes de varianza.

El ANOVA tradicionalmente es empleado en situaciones comprendiendo modelos de efectos fijos, como el experimento sencillo de probar 4 fertilizantes u otro tratamiento en la población de estudio.

En ecología lo más usual es estudiar la variación de varios grupos de muestras tomadas del campo aleatoriamente.

4.3.3.4.-ANOVA de clasificación simple y ANOVA factorial. Tipos de diseño experimental.

La otra clasificación alude a si se trata de experimentos que consideran uno o más factores:

A) Modelos de clasificación simple. Es el caso más sencillo en el cual se trabaja partiendo de tratamientos de un solo factor.

Se puede estructurar según los siguientes diseños:

1. Diseño completamente aleatorizado.

2. Parcelas apareadas.
3. Comparación de grupos sorteados.
4. Diseño en cuadrado latino.
5. Diseño de bloques.
6. Diseño jerárquico.

B) Modelos factoriales. Se trabaja con tratamientos de más de un factor. El caso más sencillo es el modelo de clasificación doble.

4.3.3.5.-Pruebas *a priori* y pruebas *a posteriori*.

Pruebas *a priori* son aquellas que se proponen antes de hacer el ANOVA y, partiendo de un experimento en que se considere la acción de determinados tipos de azúcares como p. ej.:

- control.
- 2 % de glucosa.
- 2 % de fructosa.
- 1 % de glucosa + 1 % de fructosa.
- 2 % de sacarosa.

sobre cierto cultivo, se podrían proponer los siguientes ANOVAS:

- entre control y azúcares.
- entre azúcares puros y mezclados.

Las pruebas *a posteriori* se realizan una vez concluido el ANOVA para identificar cuales medias son diferentes, de modo que una condición previa de estos análisis es que se obtenga un F significativo.

Las pruebas *a posteriori* más conocidas son las siguientes:

- DUNCAN
- TUKEY
- Comparaciones ortogonales.

Resumen del ANOVA según un diseño completamente aleatorizado

ANOVA de una entrada (Clasificación simple).-

Fuente de Variación	Suma de Cuadrados	Grados de libertad	Cuadrado Medio	Razón de Varianzas
Entre los grupos	SC entre	k-1	CMentre= SCentre/ k-1	R.V. (F) = CM entre/ CM dentro
Dentro de grupos (Error)	SCdentro	N-k	CMdentro= SC dentro/ N-K	
Total	SCtotal	N-1		

Donde:

- Tj = total de la j-ésima columna.
- T = Total de todas las observaciones.
- Xm = media de todas las observaciones.
- Tj = Total de la j-ésima columna
- Xmj= media de la j-ésima columna.
- k = cantidad de grupos analizados.
- N = Total de observaciones.
- FC = Factor de corrección.

Ejemplo. Se midieron los diámetros en tres muestras extraídas de tres poblaciones de caracoles de la especie *Caracolus sagemon* (PÉREZ Y RAMOS, 1997). Los datos procesados según un diseño completamente al azar para averiguar si existían diferencias entre las medias de las muestras.

Fig. 26.- *Caracolus sagemon.*

a) Diga además qué Modelo de ANOVA es el analizado.

	Poblaciones			
n	I	II	III	
1	31.20	34.20	32.35	
2	32.80	33.60	28.70	
3	31.60	35.20	36.40	
4	33.20	28.40	32.35	
5	32.95	33.50	33.90	
6	32.10	38.25	32.80	
7	32.10	34.40	34.70	
8	23.80	36.00	34.10	
9	32.60	--	31.30	
10	33.70	--	33.10	
$\sum xj$	316.05	273.55	329.70	919.30
Nj	10	8	10	28
Xmj	31.60	34.19	32.97	
$\sum xj^2$	10061.49	9408.87	10908.94	30379,30

Pasos del método:

1) Comprobación de las premisas del ANOVA.
2) Formulación de las hipótesis.

Ho: $\mu 1 = \mu 2 = \mu 3$
Hi: $\mu 1 \neq \mu 2 \neq \mu 3$

3) Seleccionar:

N= 28
K= 3
Alfa= 0.05

4) Estadístico F.
5) Cálculo:

FC = Factor de Corrección.

$$FC = \frac{(Xij)^2}{N} = \frac{(919.3)^2}{28} = 30\ 182.60$$

SC totales = $(Xij^2) - FC = 30\ 379.3 - 30\ 182.60 = $ **196.7**

$$\text{SC entre grupos} = \frac{(\Sigma xj)^2}{Nj} - FC = \left(\frac{(316.02)^2}{10} + \frac{(273.55)^2}{8} + \frac{(329.70)^2}{10} \right) - \textbf{30 182.60}$$

= 30 212.67 - 30 182.60= **30.07**

SC error = SC totales - SC entre grupos = 196.7 – 30.07 **= 166.63**

Tabla de las Fuentes de Variación:

Fuentes de Variación	GL	SC	CM	F
Grupos (Poblaciones)	2	30.07	15.03	2.25 NS
Error	25	166.63	6.66	
Total	27	196.7	48.10	

F = 3.39
0.05
(2, 25)

Como Fcalc < F tab se acepta Ho.

4.3.4. Análisis de Varianza de clasificación simple por rangos. Prueba de Kruskall- Wallis.

Si un grupo de datos se toman de acuerdo con un diseño completamente aleatorizado donde k > 2, es posible hacer una prueba no paramétrica para probar diferencias entre los grupos. Esto se realiza mediante el test de Kruskal-Wallis (1952) denominado también **Análisis de Varianza por rangos**.

Este test puede ser utilizado en cualquier situación donde el ANOVA de clasificación simple sea aplicable (aunque solo tiene una potencia de 95.5 % con relación a este último) y en aquellos casos en que este último no sea aplicable.

El análisis no paramétrico puede ser aplicado cuando las k muestras no provengan de poblaciones normales y/o cuando las k varianzas poblacionales sean heterogéneas. Si k = 2, entonces el test de Mann-Whitney es el método no paramétrico apropiado.

Debe recordarse que en los tests no paramétricos no se utilizan parámetros en el planteamiento de las hipótesis y tampoco se utilizan parámetros ni estadísticos muestrales en los cálculos.

El estadístico de Kruskal-Wallis se denomina como H y se calcula como:

$$H = \frac{12}{N(N+1)} \sum_{i=1}^{k} (R_i)^2/n_i - 3(N+1) \quad \text{donde:}$$

n_i : es el número de observaciones en el iésimo grupo.
N : número total de observaciones en todos los k.
R_i : es la suma de los rangos de las ni observaciones en el grupo i.

El procedimiento para aplicar los rangos ya los conocemos de las pruebas anteriores.

Los valores críticos para H en el caso de muestras pequeñas cuando k = 3 se dan en la Tabla Kruskal-Wallis. Para muestras grandes y/o para k $\langle$ 3 puede considerarse que se aproximan al X^2 con k-1 grados de libertad.

Ejemplo. Un entomólogo está estudiando la distribución vertical de una especie de insecto en un bosque y obtiene 4 colecciones de estos insectos en tres tipos de vegetación diferente dentro de este bosque (Tomado de SIGARROA, 1985).

Fig. 27.- Insecto del orden Orthoptera.

Debemos comenzar haciendo el planteo de las hipótesis de trabajo:

H_o: La abundancia de insectos es la misma en los tres tipos de vegetación.
H_1: La abundancia de los insectos es diferente en los tres tipos de vegetación.

Hierba	Rango	Pastos	Rangos	Arboles	Rangos
14.0	12	8.4	9	6.9	6
12.1	11	7.3	7	5.8	4
9.6	10	6.6	5	5.3	3
8.2	8	5.1	2	4.1	1
$n_1=4$	$R_1=41$	$n_2=4$	$R_2=23$	$n_3=4$	$R_3=14$

N = 4 + 4 + 4 = 12

Sustituyendo en la fórmula vamos a tener lo siguiente:

$$H = \frac{12}{13(14)} [(41)^2/4 + (23)^2/4 + (14)^2/4] - 3(13)$$

$$H = \frac{12}{156} [601.5] - 39 = 46.269 - 39$$

H = 7.269

H tab para $\alpha = 0.05 = 5.692$
(4,4,4)

Como Hcalc > Htab se rechaza H_o

2.4. MÉTODOS MULTIVARIADOS.

2.4.1. Regresión múltiple.

Previamente se han examinado los conceptos y técnicas para analizar y utilizar la relación entre dos variables. Se ha observado que este análisis puede conducir a una ecuación que puede utilizarse para predecir el valor de alguna variable dependiente dado el valor de una variable independiente asociada.

La intuición señala que, en general, debe tenerse la capacidad de mejorar la habilidad para predecir al incluir más variables independientes en dicha ecuación. Los conceptos y técnicas para analizar la asociación entre varias variables son extensiones naturales de los que se estudiaron en capítulos anteriores.

En el modelo de regresión múltiple, se supone que existe una relación entre alguna variable Y, a la cual se da el nombre de variable dependiente, y k variables independientes, X_1, X_2, ... X_k. A veces, las variables independientes se conocen como variables explicativas debido a que se utilizan para explicar la variación en Y, y como variables de predicción, por su uso en predecir Y.

Las suposiciones acompañantes son las siguientes:

1. Las Xi son variables no aleatorias (fijas). Esta suposición distingue al modelo de regresión múltiple del modelo de correlación múltiple. Esta condición indica que cualquier inferencia que se haga con los datos de la muestra sólo se aplica al conjunto de valores de X observados y no a algún conjunto mayor de X. Bajo el modelo de regresión, el análisis de correlación carece de significado. Bajo el modelo de correlación pueden aplicarse las siguientes técnicas de regresión.

2. Para cada conjunto de valores de Xi, existe una sub-población de valores de Y. Para construir ciertos intervalos de confianza y probar hipótesis, debe saberse, o el investigador debe inclinarse a suponer, que estas sub-poblaciones de valores de Y tienen distribución normal. Ya que se deseará demostrar estos procedimientos inferenciales, se hará la suposición de normalidad en los ejmplos y ejercicios de este capítulo.

3. Todas las varianzas de las subpoblaciones de Y son iguales.

4. Los valores de Y son independientes. Es decir, los valores de Y seleccionados para un conjunto de X no dependen de los valores de Y seleccionados en otro conjunto de valores de X.

Ecuación del modelo de regresión múltiple para una variable dependiente y dos independientes:

$$Y_j = \beta_o + \beta_1 X_{1j} + \beta_2 X_{2j} + e_j$$

A esta ecuación puede ajustarse un plano en el espacio tridimensional a los puntos de los datos (ver fig.). Cuando el modelo contiene más de dos variables independientes se describe geométricamente como un hiperplano.

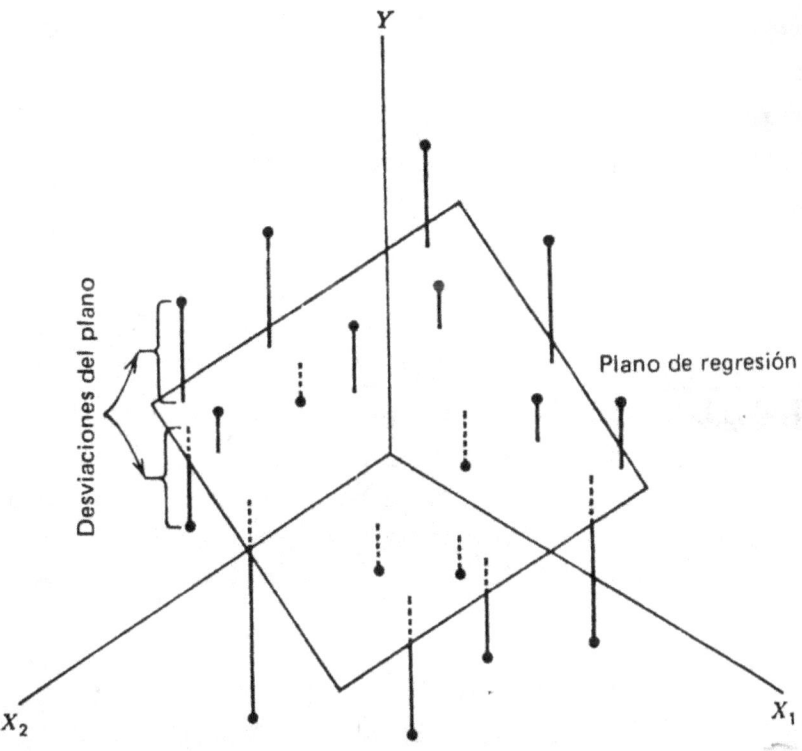

Fig. 28.- Plano de regresión múltiple y dispersión de puntos (Tomado de DANIEL, 1990).

Cuando el modelo contiene sólo dos variables independientes, la ecuación de regresión de la muestra es:

$$Y_j = \mathbf{b}_o + \mathbf{b}_1 X_{1j} + \mathbf{b}_2 X_{2j} + e_j$$

1. Se hizo un experimento con el objetivo de constatar la fuente de la que obtiene el fósforo la planta del maíz. Se estudiaron 18 plantaciones en suelos diferentes en los que se determinó químicamente la concentración (partes por millón) de fósforo inorgánico (X1) y de fósforo orgánico (X2) a 20° C. Así mismo se determinó el contenido de fósforo en el maíz cultivado.

Suelo	Y_j	X_{1j}	X_{2j}	$X_{1j}X_{2j}$	$X_{1j}Y_j$	$X_{2j}Y_j$	$(X_{1j})^2$	$(X_{2j})^2$	$(Y_j)^2$
1	64	0.4	53	21.2	25.6	3392	0.16	2809	4096
2	60	0.4	23	9.2	24	1380	0.16	529	3600
3	71	3.1	19	58.9	220.1	1349	9.61	361	5041
4	61	0.6	34	20.4	36.6	2074	0.36	1156	3721
5	54	4.7	24	112.8	253.8	1296	22.09	576	2916
6	77	1.7	65	110.5	130.9	5005	2.89	4225	5929
7	81	9.4	44	413.6	761.4	3564	88.36	1936	6561
8	93	10.1	31	313.1	939.3	2883	102.01	961	8649
9	93	11.6	29	336.4	1078.8	2697	134.56	841	8649
10	51	12.6	58	730.8	642.6	2958	158.76	3364	2601
11	76	10.9	37	403.3	828.4	2812	118.81	1369	5776
12	96	23.1	46	1062.6	2217.6	4416	533.61	2116	9216
13	77	23.1	50	1155	1778.7	3850	533.61	2500	5929
14	93	21.6	44	950.4	2008.8	4092	466.56	1936	8649
15	95	23.1	56	1293.6	2194.5	5320	533.61	3136	9025
16	54	1.9	36	68.4	102.6	1944	3.61	1296	2916
17	168	26.8	58	1554.4	4502.4	9744	718.24	3364	28224
18	99	29.9	51	1524.9	2960.1	5049	894.01	2601	9801
	1463	**215**	**758**	**10139.5**	**20706.2**	**63825**	**4321.02**	**35076**	**131299**

Procedimiento:

Para encontrar b_1 y b_2 tenemos que resolver el siguiente sistema de ecuaciones para el cual necesitamos los cálculos realizados en la tabla anterior:

$$b_1 \sum X'_{1j}{}^2 + b_2 \sum X'_{1j}X'_{2j} = \sum X'_{1j}Y'_j$$

$$b_1 \sum X'_{1j}X'_{2j} + b_2 \sum X'_{2j}{}^2 = \sum X'_{2j}Y'_j$$

Estos parámetros primos se calculan partiendo de las sumatorias de productos de la tabla de la manera siguiente:

$$\sum X'_{1j}{}^2 = \sum X_{1j}{}^2 - (\sum X_{1j})^2 / n = 4321.02 - (215)^2 / 18 = 4321.02 - 2568.05 = \mathbf{1752.97}$$

$$\sum X'_{2j}{}^2 = \sum X_{2j}{}^2 - (\sum X_{2j})^2 / n = 35\,076 - (758)^2 / 18 = 35\,076 - 31\,920.22 = \mathbf{3155.78}$$

$$\sum X'_{1j}X'_{2j} = \sum X_{1j}X_{2j} - \sum X_{1j} \sum X_{2j} / n = 10\,139.5 - (215)(758)/ 18 =$$
$$= 10\,139.5 - 9053.9 = \mathbf{1085.6}$$

$$\sum X'_{1j}Y'_j = \sum X_{1j}Y_j - \sum X_{1j} \sum Y_j / n = 20\,706.2 - (215)(1463)/ 18 =$$
$$= 20\,706.2 - 17474.72 = \mathbf{3231.5}$$

$$\sum X'_{2j}Y'_j = \sum X_{2j}Y_j - \sum X_{2j} \sum Y_j / n = 63\,825 - (758)(1463)/ 18 =$$
$$= 63\,825 - 61\,608.55 = \mathbf{2216.45}$$

Cuando ya se tienen los resultados se sustituyen en las ecuaciones antes planteadas:

$$b_1 \sum X'_{1j}{}^2 + b_2 \sum X'_{1j}X'_{2j} = \sum X'_{1j}Y'_j$$

$$b_1 \sum X'_{1j}X'_{2j} + b_2 \sum X'_{2j}{}^2 = \sum X'_{2j}Y'_j$$

Sustituyendo tenemos:

$1752.97b_1 + 1085.6b_2 = 3231.5$

$1085.6b_1 + 3155.78b_2 = 2216.45$

Para resolver este sistema de ecuaciones tenemos que despejar de alguna manera. Lo primero es intentar despejar uno de los coeficientes, p. ej. b_2. Para ello multiplicamos ambas ecuaciones por el valor de b1, pero utilizando el valor de la otra ecuación en cada caso y en una de las ecuaciones se multiplica con sino negativo. Todo esto con el objetivo de cancelar en ambas ecuaciones los valores correspondientes a b1.

$(1085.6)1752.97b_1 + 1085.6b_2 = 3231.5$

$(1752.97)1085.6b_1 + 3155.78b_2 = 2216.45$

Y esto da:

$1\ 903\ 024.23b1 + 1\ 178\ 527.36b2 = 3\ 508\ 116.4$

$-\ 1\ 903\ 024.23b1 - 5\ 531\ 987.67b2 = -\ 3\ 885\ 370.36$

$$-\ 4\ 353\ 460.3\ b_2 = -\ 377\ 253.96$$

$$b_2 = \frac{-\ 377\ 253.96}{-\ 4\ 353\ 460.3} = 0.086$$

Y ya con el valor de b_2 se sustituye en el primer sistema de ecuaciones:

$1752.97b_1 + (0.086)\ 1085.6 = 3231.5$

$1752.97b_1 + 93.36 = 3231.5$

$1752.97b_1 = 3231.5 - 93.36$

Despejando:

$1752.97b_1 = 3138.14$

Despejando de nuevo:

$$b_1 = \frac{3138.14}{1752.97} = 1.79$$

Entonces, b_o se puede obtener a partir de la relación:

$$b_o = \bar{y} - b1\ \bar{X}_1 - b_2\ \bar{X}_2$$

Y sustituyendo:

$$b_o = 81.28 - (1.79)(11.94) - (0.086)(42.11) =$$

$$b_o = 81.28 - 21.37 - 3.62 = 81.28 - 17.75 = 56.28$$

La ecuación de regresión múltiple es entonces:

$$y_c = 56.28 + 1.79X1j + 0.086X_{2j}$$

Esta ecuación indica que por cada una unidad que aumenta X1, es decir, el fósforo inorgánico, Y (el fósforo del maíz) aumenta 1.79 y por cada unidad que aumenta X2 (fósforo orgánico), Y aumenta 0.086.

Para realizar la predicción deseada se puede sustituir un valor de cada una de las variables de interés, p. ej., fósforo inorgánico= 0.4, fósforo orgánico= 53 y se sustituye en la ecuación anterior:

$$y_c = 56.28 + 1.79(0.4) + 0.086(53)$$
$$y_c = 56.28 + 0.71 + 4.56 = 61.55$$

Es decir para 0.4 ppm de fósforo inorgánico y 53 ppm de fosforo orgánico, la predicción de la cantidad de fósforo en el maíz cultivado es de 61.55.

2.4.2. Análisis de Componentes Principales.

Este es un método de ordenación, es decir, como resultado del mismo los objetos no aparecen clasificados en grupos sino distribuidos u ordenados en un sistema de coordenadas.

Como es de suponer, resulta imposible representar gráficamente la posición de un objeto cuando existen más de tres dimensiones, lo cual es el caso de la taxonomía numérica y en general de la estadística multivariada, donde cada objeto se describe mediante muchas variables, cada una de las cuales se puede interpretar como una dimensión.

Por ejemplo, un grupo de especies está siendo comparado tomando como base 30 medidas diferentes de distintas partes del cuerpo. Podría concebirse un eje de coordenadas para representar el valor de la primera medida para cada especie; otro eje para los valores de la segunda medida; otro eje para los valores de la tercera medida y así hasta definir 30 ejes para cada una de las 30 medidas. Evidentemente no hay forma de representar esto gráficamente. Sin embargo ocurre frecuentemente que muchas de estas medidas tienen correlación entre sí y aplicando los métodos apropiados, puede construirse un nuevo conjunto de variables abstractas que tienen la propiedad de que unas pocas de ellas responden por la mayor parte de la VARIACIÓN OBSERVADA contenida en el grupo grande de variables originales. Este es precisamente el objetivo de los componentes principales.

Los pasos para realizar este análisis son los siguientes según LUDWIG & REYNOLDS (1988):

1. Estandarizar la matriz de datos.
2. Calcular la similitud entre especies y entre entidades.
3. Calcular los valores propios y los vectores propios.
4. Escalar cada valor propio.
5. Calcular las coordenadas para la ordenación de las especies.
6. Calcular las coordenadas para la ordenación de las entidades.

1. Estandarizar la matriz de datos.

Según la expresión:

$$A_{ij} = \frac{X_{ij} - \overline{X_i}}{F_i}$$

Donde:

$$F_i = \sqrt{\sum_{J=1}^{N} (X_{ij} - X_i)^2}$$

2. Calcular la similitud entre especies y entre entidades.

Puede ser mediante una estrategia R o Q, tal y como se estudio en el capítulo de Análisis de Clasificación. Esto se puede realizar mediante un método de correlación o de covarianza.

Para una matriz de correlación es como sigue:

Análisis R

$$R_{S \times S} = A_{S \times N} A^t_{N \times S}$$

Análisis Q

$$Q_{N \times N} = A^t_{N \times S} A_{S \times N}$$

3. Calcular los valores propios y los vectores propios.

Valores propios (Eigenvalues): Son las varianzas de las nuevas variables abstractas.

$$| R_{S \times S} - \lambda I_{S \times S} | = 0$$

Las barras indican que es necesario calcular el determinante de la matriz resultante.

En esta expresión:

I: es la matriz de identidad.
λ: polinomio.

Vectores propios (Eigenvectors): Son los "pesos" o "ponderaciones" en el cálculo de las nuevas variables abstractas a partir de las variables originales.

$$RU_i = \lambda U_i$$

4. Escalar cada valor propio.

Para escalar o normalizar un vector propio cada uno de ellos se multiplica por K de la manera siguiente:

$$U_i = K_i \begin{bmatrix} U_{1,i} \\ U_{2,i} \\ \cdot \\ \cdot \\ \cdot \\ U_{5,i} \end{bmatrix}$$

Donde:

$$K = \cfrac{1}{\sqrt{\displaystyle\sum_{q=1}^{S}}}$$

5. Calcular las coordenadas para la ordenación de las especies.

Estas correlaciones o covarianzas escaladas son las que nos permiten graficar la posición de cada especie o entidad en el plano de los pares de componentes principales.

$$V_i = U_i \sqrt{\lambda}$$

En notación matricial lo anterior es:

$$V_{SxS} = U_{SxS}A_{SxS}$$

Donde los elementos de V son las correlaciones de las iésimas especies hasta el jotaésimo componente y A es la matriz con λs en la diagonal y 0s en las otras posiciones.

6. Calcular las coordenadas para la ordenación de las entidades.

Las coordenadas de las entidades se calculan multiplicando la matriz transpuesta de A por su correspondiente vector propio, en los tres primeros componentes principales.

$$Y_{Nx3} = A^t{}_{NxS}U_{Sx3}$$

Donde las filas de Y son las coordenadas para las N entidades en los tres primeros componentes principales.

Ejemplo. Se realizó un estudio en *Bulimulus corneus*, una especie de caracol terrestre con el objetivo de detectar variaciones morfológicas en las poblaciones del país. Se estudiaron ocho variables de la concha en individuos de 11 poblaciones de todo el país (PÉREZ & LÓPEZ, 1997).

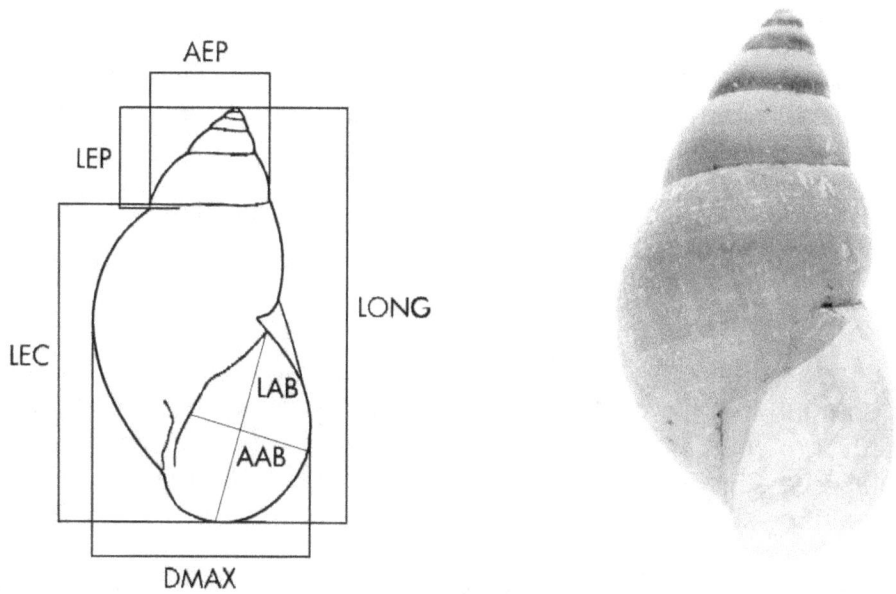

Fig. 29.- *Bulimulus corneus.* Foto y mediciones.

Los pasos abreviados del método son como sigue:

- Estandarizar la matriz de datos.
- Calcular la similitud entre especies y entre entidades.
- Calcular los valores propios y los vectores propios.
- Escalar cada valor propio.
- Calcular las coordenadas para la ordenación de las especies.
- Calcular las coordenadas para la ordenación de las entidades.

En primer lugar se preparó una matriz como la siguiente (abreviada de la original), que posteriormente fue estandarizada:

CLAVE	LNG	DMA	AEC	DME	LAB	AAB	AEP	ANE
1	11.2	6.3	6	6.1	6	4.9	6	5.4
1	10.1	6	5.5	5.8	5.1	4.8	4.6	4.7
2	10.3	6.4	6.2	6	5.5	4.3	5.6	5.1
2	11.7	6.3	6.1	6.1	6	4.7	5.8	5.4
2	10.1	5.8	5.5	5.3	5.3	4.1	5.2	4.9
2	11.1	7	8.55	6.4	5.4	3.8	2.9	4.6
2	11.4	7.5	8.6	6.5	5.1	3.4	3.4	4.5
2	11	7	7.9	6.5	5.8	2.95	3.4	4.6
3	12.9	6.5	6.3	6	5.7	4.5	5.5	6.1

Se realizó un análisis de similitud entre las especies, es decir, entre filas ya que en la columna "clave", cada número representa una clave de una población de la especie en el país.

Se realizaron los cálculos matemáticos de los pasos 2, 3 y 4 y en este caso se obtuvieron sólo las coordenadas de las especies para representar las mismas gráficamente.

Los resultados gráficos obtenidos son los siguientes. En el gráfico se muestran las especies según los dos componentes principales que reunen el mayor pocentaje de variación. Como este análisis es de ordenación, lo que se obtiene son agrupamientos espaciales que suponen una mayor relación en la medida que las entidades (en este caso las especies) se encuentran más cercanas.

Componente	Porcentaje de varianza	Porcentaje de varianza acumulada
I	70.77	70.77
II	18.15	88.92
III	4.72	93.64
IV	2.23	95.88
V	2.06	97.95

De tal suerte, en este caso podemos observar tres grupos, uno formado por la mayoría de los individuos de todas las poblaciones, otro conformado por los individuos de la población nueve (Ocotal), y otro por los individuos de las poblaciones 1, 2 y 3, todas del Pacífico.

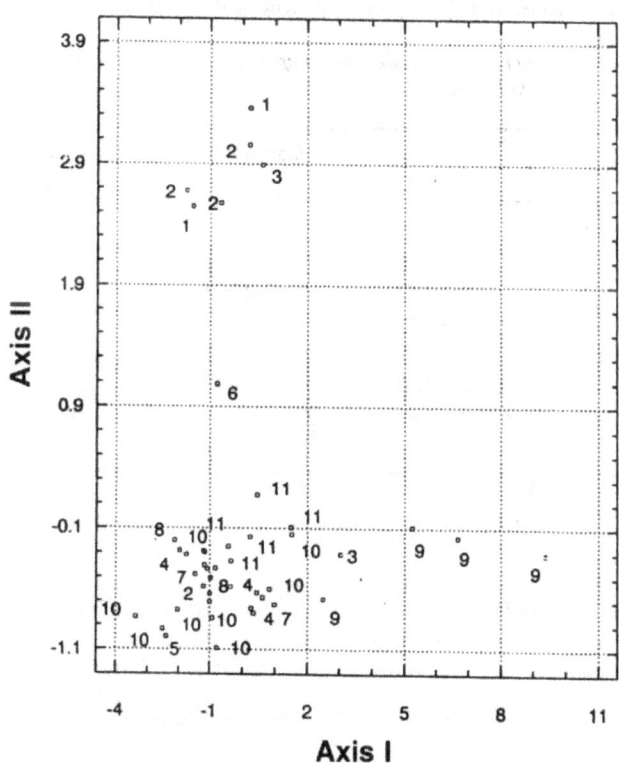

Fig. 30.- Ejes I y II del Análisis de Componentes Principales. Los números corresponden con las poblaciones de *Bulimulus corneus* estudiadas.

2.5. BIBLIOGRAFÍA.

BARNES, R.D. 1977. *Zoología de los invertebrados*. Nueva Editorial Interamericana, México. 826 p.

DANIEL, W.H. 1990. *Bioestadística*. Base para las ciencias de la salud. Editorial Limusa- Noriega, España. 667 p.

FOWLER, J. & L. COHEN. 1999. *Estadística básica en ornitología*. Editorial SEO/ Birdlife, Madrid. 144 p.

OBST, F.J. 1986. *Turtles, tortoises and terrapins*. Edition Leipzig, Germany. 231 p.

PECK, J.E. 2010. *Multivariate analysis for community ecologists. Step by Step using PC Ord*. MjM Software Design. Gleneden Beach, OR. 162 p.

PÉREZ, A.M. 1994. *Variabilidad en moluscos gastrópodos. Una aproximación general*. Editorial UCA, Managua. 64 p.

PEREZ, A.M. 2001. *Miscelánea Ecológica*. Editorial UCA, Managua. 64 p.

PÉREZ, A.M. & J. ESPINOSA. 1994. Sinistralidad en *Caracolus sagemon marginelloides* (Orb. in Sagra) (Mollusca: Gastropoda: Camaenidae). *Cuadernos de Investigación Biológica Bilbao*, 18:235-244.

PEREZ, A.M. & A. LOPEZ. 1997. New data on the morphology and the distribution of *Bulimulus corneus* Sowerby, 1833 (Gastropoda: Pulmonata: Othalicidae) in Nicaragua. *Iberus*, 15(2):13-24.

PÉREZ, A.M. & I. RAMOS. 1997. Morfometría de tres poblaciones de *Caracolus sagemon* (Gastropoda: Camaenidae) en Cuba. *Rev. Biol. Trop.*, 45(4):1563-1577.

PÉREZ, A.M., I. SIRIA, M. SOTELO & E. VARGAS. 2002. *Aprovechamiento del recurso Concha Negra en el Pacífico de Nicaragua*. Informe Final, Managua, Nicaragua. 68 p.

PÉREZ, A.M., I. SIRIA, M. SOTELO & E. VARGAS. 2004. *Aprovechamiento del recurso Ostra en el Pacífico de Nicaragua*. Informe Final, Managua, Nicaragua. 57 p.

RALPH, C.J., G.R. GEUPEL, P. PYLE, T.E. MARTIN, D.F. DeSANTE & B. MILÁ. 1996. Manual de métodos de campo para el monitoreo de aves terrestres. *Gen. Tech. Rep. PSW-GTR-159*, USDA. 44 p.

SIGARROA, A. 1985. *Biometría y diseño experimental*. Editorial Pueblo y Eduación, La Habana. 793 p.

SOKAL, R.R & F.J. ROHLF. 1981. *Biometry.* W.H. Freeman & Company, San Francisco. 959 p.

CAPÍTULO III.- Cuantificación de la diversidad ecológica.

En el siguiente capítulo se presenta un conjunto de métodos matemáticos dedicados a la cuantificación de la abundancia, la riqueza de especies y diversidad, alfa y beta. También, se brindan herramientas para el análisis de la similaridad entre comunidades biológicas. Es decir, este es un capítulo dedicado al estudio de la diversidad en el nivel de la comunidad y por consiguiente examina las relaciones entre las especies que la componen.

3.1. INTRODUCCIÓN.

Según MAGURRAN (1987), existen tres razones por las cuales los biólogos están interesados en la biodiversidad y su medición.

En primer lugar, a pesar de las cambiantes preocupaciones y tendencias, la diversidad ha permanecido como un tema central de la biología. Los patrones de variación espacial y temporal de la diversidad que han intrigado a los primeros investigadores del mundo natural (v.g., Thoreau, 1860; Clements, 1916) continúan estimulando las mentes de los biólogos de hoy día (Currie & Paquin, 1987; May, 1986).

En segundo lugar, las medidas de la diversidad son frecuentemente interpretadas como indicadores del bienestar de los sistemas ecológicos y, por último, el considerable debate que aún existe en torno a su medición.

MAGURRAN (1987), apuntó que todavía la diversidad es como una ilusión óptica. Cuanto más se la estudia, menos claramente definida parece estar. Y analizándola desde diferentes ángulos puede llegarse a diferentes percepciones de lo que se estudia. Debido a esto se ha eludido conceptualizarla hasta el punto que el ecólogo norteamericano Hurlbert (1981) la denominó un **no concepto**.

Las medidas de la diversidad ecológica constituyen herramientas importantes para evaluar o predecir impactos potenciales de las prácticas alternativas de uso de la tierra en la estructura y función de las comunidades silvestres.

Según HALFFTER (1992) la medida o apreciación de la diversidad depende, entre otras cosas, de la escala a la cual se define el problema. Existen una serie de conceptos que BROWN & LOMOLINO (1998) reúnen dentro del término "diversidad espacial", esta diversidad comprende otras diversidades que, según los autores citados, siempre consisten en cantidades de especies, por consiguiente se puede subdividir en las siguientes categorías:

- Diversidad puntual o de hábitat.
- Diversidad alfa, o de especies presentes en un sitio.
- Diversidad beta o heterogeneidad espacial.
- Diversidad gamma o de áreas grandes.
- Diversidad epsilon o de regiones biogeográficas, p.ej. a nivel del Pacífico de Nicaragua.

La diversidad alfa también suele ser tratada también como diversidad ecológica, y es el componente más importante y más comúnmente citado de cualquier ecosistema, como las selvas tropicales o los arrecifes de coral, entre otros. La diversidad beta, es una expresión del grado de partición del ambiente en parches o mosaicos biológicos.

Las medidas de la diversidad ecológica constituyen herramientas importantes para evaluar o predecir impactos potenciales de las prácticas alternativas de uso de la tierra en la estructura y función de las comunidades silvestres.

Uno de los problemas en la determinación de la diversidad ecológica es que esta tiene dos componentes: la riqueza de especies o número de especies presentes en una comunidad, y la abundancia o cantidad de individuos por los que está representada cada una de estas especies (WHITTAKER, 1975; MAGURRAN, 1987).

Por otro lado, está el componente en el nivel genético o intraespecífico de la heterogeneidad biológica. A este nivel, que es el de la especie, puede existir mucha o poca variabilidad en dependencia de la cantidad de alelos diferentes que tenga cada gen y los caracteres para los que estos alelos codifiquen en el organismo (BEROVIDES & ALFONSO, 1987).

En este contexto también es conveniente comentar el concepto de "disparidad" de GOULD (1991), que consiste en la diversidad de táxones de alto nivel sistemático, o en otras palabras de phyla, o lo que es lo mismo, la diversidad de unidades estructurales de plan morfológico evolutivo.

Recientemente, la escuela de los sistemáticos biogeógrafos se ha cuestionado la convención de que la biodiversidad es adecuadamente representada solo por la riqueza de especies y la abundancia, arguyendo que los estudios de biodioversidad necesitan incorporar medidas de diversidad filogenética para maximizar la preservación de la biodiversidad total (Vane- Wright *et al.* 1991; Williams *et al.* 1991; Faith, 1992). En este nuevo marco de estudio, diferentes localidades geográficas son analizadas en términos de homología genealógica entre las especies estudiadas y no de sus relaciones espaciales (Craw, 1983) como hasta el presente (VER PÉREZ & LÓPEZ, 1995).

3.2. ABUNDANCIA.

La abundancia se define como la cantidad de individuos de una especie determinada que se distribuyen en una determinada comunidad. Los datos de abundancia de las especies se suelen dar cuantitativamente o cualitativamente. Los datos cuantitativos son cantidades, es decir, se dice que hay 45 individuos de la especie.

Según la aproximación cuantitativa la abundancia se suele señalizar como N y para la comunidad del ejemplo anterior los valores son (Ejemplo de PÉREZ *et al.* 1996):

Especies	Ecosistemas Vegetales				Total
	BG	Mco	P	Bseco	
Alcadia hispida	0	5	0	13	18
Farcimen tortum	34	0	0	4	38
Lamellaxis gracillis	0	7	11	23	41
Subulina octona	12	8	15	45	80
Gongylostoma elegans	0	43	0	12	55
Liguus fasciatus	0	0	0	17	17
Lacteoluna selenina	4	0	0	8	12
Zachrysia auricoma	3	5	4	8	20
Cysticopis exauberi	0	0	0	15	15
N	**53**	**68**	**30**	**145**	**296**

Los datos cualitativos se suelen dar según alguna escala. Una escala comúnmente utilizada es la de TANSLEY & CHIPP (1926), quienes reconocen cinco categorías:

- **Muy abundante:** + del 80 % de la muestra.
- **Abundante:** Constituye entre el 60 y el 80 % de la muestra.
- **Poco abundante:** Constituye entre el 40 y el 60 % de la muestra.
- **Escaso:** Constituye entre el 20 y el 40 % de la muestra.
- **Raro:** Constituye menos del 20 % de la muestra.

Estas categorías se refieren a la cobertura de vegetación de un área muestreada, de manera que para estudios de fauna se puede trabajar de la manera siguiente. Se considera la especie más abundante como punto de referencia y el valor de la misma se divide entre 5, de este modo las categorías se estructuran partiendo del valor calculado, que representa 1/5 del total.

Partiendo del ejemplo de la tabla anterior, donde la especie con mayor abundancia es *Subulina octona* con una abundancia de 80, dividimos ese valor entre 5 = 16, y partiendo de ese valor estructuramos nuestras categorías de la manera siguiente:

- **Muy abundante:** + de 64 individuos.
- **Abundante:** Entre 48 y 64 individuos.
- **Poco abundante:** Entre 32 y 48 individuos.
- **Escaso:** Entre 16 el 32 individuos.
- **Raro:** Menos de 16 individuos.

3.3. RIQUEZA DE ESPECIES.

3.3.1. Índices de riqueza de especies.

El índice de diversidad según Hair (1987), más sencillo ya ha sido estudiado y es el índice **S** que es igual al número de especies existentes en la comunidad. No obstante este índice es independiente del tamaño muestral, lo que según algunos autores podría limitar su alcance.

Existen otros índices de riqueza de especies que se basan en la relación entre S y el número total de individuos observados.

El primero es el bien conocido índice de riqueza de especies de Margaleff (1958):

R_1= S-1/log n donde:

S= no. de especies de la comunidad
n= no. total de individuos de la comunidad

Para el caso del ejemplo anterior el R1= 9-1/log 296, y finalmente IM= 3.24

Otro muy usado por los ecólogos, es el Índice de Menhinick (1964):

$R_2 = S/ \sqrt{(n)}$

La utilidad de estos índices puede ser ilustrada con el ejemplo siguiente, en que se aplicó el índice de riqueza de especies de Menhinick (1964) (R_2).

En un muestreo realizado en tres comunidades de aves en localidades ubicadas a lo largo de un gradiente de altura en la montaña, fue medida la riqueza de especies. Los valores obtenidos fueron los siguientes, en la menor elevación S = 30, n = 100 y el R_2 calculado = 3. En la localidad de elevación media, S = 15, n = 25 y R_2 = 3. Finalmente, en la localidad de mayor elevación, S = 10, n = 25 y R_2 = 2.

De donde se puede concluir que la riqueza de especies de las comunidades de aves estudiadas es la mayor en las elevaciones más pequeñas y medianas, y que no hay diferencias hasta que se alcanzan las mayores elevaciones.

No obstante para realizar los cálculos anteriores es necesario partir de que los muestreos realizados han sido realizados sobre unidades de muestreo homogéneas, es decir, del mismo tamaño.

Para ejercitar estos índices podemos calcularlos en las comunidades anteriormente estudiadas. En la matriz siguiente partimos de datos de abundancia en las comunidades muestreadas y aplicamos los índices anteriores.

Especies	Ecosistemas Vegetales				Total
	BG	Mco	P	Bseco	
Alcadia hispida	0	5	0	13	18
Farcimen tortum	34	0	0	4	38
Lamellaxis gracillis	0	7	11	23	41
Subulina octona	12	8	15	45	80
Gongylostoma elegans	0	43	0	12	55
Liguus fasciatus	0	0	0	17	17
Lacteoluna selenina	4	0	0	8	12
Zachrysia auricoma	3	5	4	8	20
Cysticopis exauberi	0	0	0	15	15
S	4	5	3	9	
R_1	0.75	0.95	0.59	1.60	
R_2	0.55	0.60	0.55	0.75	

Cálculo de los índices de riqueza de especies:

Índice de Magaleff (1958)

$R_1 = (9-1)/\ln(145) = 8/4.97 = 1.61$

Índice de Menhinick (1964)

$R_2 = 9/\sqrt{(145)} = 9/12.04 = 0.75$

3.3.2. Estimaciones con Unidades de Muestreo No Homogéneas. Método de Rarefracción.

Si fuese imposible obtener datos de unidades de muestreo homogéneas, podemos aplicar el método de rarefracción, el cual nos permite conocer a partir de determinados cálculos probabilísticos determinados valores esperados de riqueza de especies en las comunidades de estudio (cfr. Hurlbert, 1971; Sanders, 1968).

Para usar el método de rarefracción asumimos que el sesgo del tamaño de muestra o las diferencias de muestreo entre comunidades pueden ser superados por algún modelo de muestreo que pueda ser aplicado a todas las comunidades de estudio.

Hurlbert (1971) muestra que el número de especies que puede ser esperado en una muestra de n individuos [denotada por E(Sn)] extraídos de una población de N individuos totales distribuidos en S especies es:

$$E(Sn) = \sum_{i=1}^{S} \frac{\left\{ 1 - \left[\left(\dfrac{N-ni}{n} \right) \right] \right\}}{\dfrac{N}{n}} \quad donde:$$

ni = no. de individuos de iésima especie (proporción).
n = tamaño de muestra, es decir, cantidad de individuos totales de la muestra extraída de comunidad.

(Ver LUDWIG & REYNOLDS, 1988 y el programa RAREFRAC.BAS para más detalles).

Un ejemplo excelente del uso de la rarefracción puede ser encontrado en James y Rathbun (1981) quienes estudiaron 37 censos de un amplio rango de hábitats en los Estados Unidos y Canadá.

El censo conducido en el hábitat 20 (Hardwood-pine meadow) arrojó un total de 38 especies (S) de la observación de 122 individuos.

Para calcular la curva de rarefracción de este hábitat ellos usaron la ecuación señalada anteriormente, con lo cual obtuvieron el número esperado de especies [E(Sn)] en diferentes tamaños de muestra como n= 120, 110, 100, 90, 80, 70, etc., hasta llegar a 10.

Con todos estos valores de E(Sn) se construye una curva de rarefracción general contra la cual se comparan las curvas que se irán obteniendo posteriormente para otras localidades

Se debe destacar que en la ecuación de trabajo N se usa como un parámetro poblacional y será sustituida por el valor de la cantidad de observaciones en el área o localidad donde mayor número de individuos haya. En este caso N= 122.

Obsérvese que para el cálculo no se comienza con n = 122 sino con n = 120

El mismo procedimiento fue seguido para el hábitat 9 (a Jack pine-birch forest) con S = 14 y N = 50 y para el hábitat 36 (a mesquite-tamarisk-creosotebush desert) con S = 8 y N = 62.

Las curvas de rarefracción para cada hábitat pueden ahora ser utilizadas para solucionar sus diferencias en número total de aves (i.e., N = 122, 50 y 62 respectivamente). James y Rathbun usaron un tamaño de muestra de n = 50 como su estándar, correspondiendo al tamaño de muestra más pequeño de los 37 hábitats censados; esto es ilustrado en la Fig. 29, como una línea vertical discontinua a n = 50.

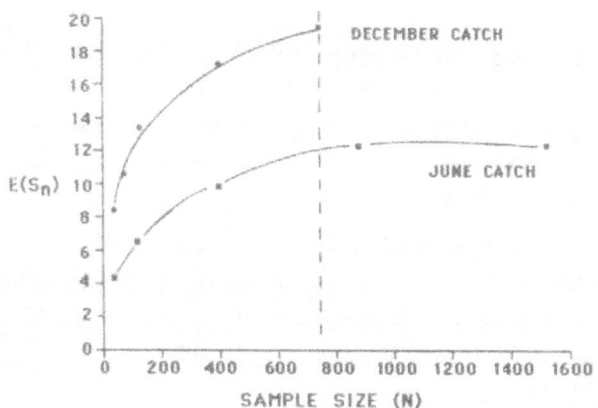

Fig. 31.- Curvas de rarefracción de tres comunidades de aves mostrando los valores esperados de riqueza de especies.

A este tamaño de muestra es posible ordenar estos tres hábitats en términos de su riqueza de especies. El hábitat 20 tiene las riqueza más alta, con un número esperado de especies de 26.9 y el hábitat 36 tiene el índice de riqueza más bajo con un número esperado de especies de 7.8.

LUDWIG & REYNOLDS (1988) concuerdan con Hurlbert (1971) y con James y Rathbun (1981) que los métodos de rarefracción son preferidos a los índices de riqueza de especies cuando los tamaños de muestra de las comunidades difieren. Sin embargo Peet (1974) muestra que para dos comunidades que poseen números de especies y abundancias relativas muy diferentes, el método de rarefracción puede predecir que ambas comunidades tienen el mismo número de especies a pequeños tamaños de muestra. Así, cuando se usa este método, se asume que las comunidades estudiadas no difieren en sus relaciones especies-individuos, por lo que también con este método es preciso ser cautelosos.

3.4. Diversidad.

3.4.1. Marco conceptual.

Como se mencionaba, la diversidad está compuesta de dos componentes, que son en los que nos vamos a concentrar durante el presente texto:

1) El número de especies en la comunidad al cual se refieren los ecólogos como riqueza de especies.
2) La equitatividad, la cual se refiere a como las abundancias se distribuyen entre las especies.

Por ej., en una comunidad compuesta por 10 especies, si el 90 % de los individuos pertenecen a una sola especie y el 10 % restante a las otras 9 especies, entonces podremos considerar que la equitatividad es baja. En el caso opuesto, si cada una de las 10 especies está representada por el 10 % del total de los individuos, entonces la equitatividad será máxima.

A través de los años se han propuesto numerosos índices para caracterizar la diversidad y la equitatividad. Los primeros, como incorporan la riqueza de especies y la equitatividad en un solo valor, han sido llamados por Peet (1974) **índices de heterogeneidad**. Probablemente el mayor obstáculo a vencer cuando se usan estos índices es interpretar que quiere decir realmente este valor estadístico obtenido.

Por ejemplo, en algunos casos un valor dado de un índice de diversidad puede resultar de varias combinaciones de riqueza de especies y equitatividad. En otras palabras, el mismo valor de índice de diversidad puede ser obtenido para una comunidad con baja riqueza de especies y alta equitatividad que para una comunidad con alta riqueza de especies y baja equitatividad.

Se sobreentiende entonces que al ofrecer solo el valor de un índice de diversidad, es imposible decir que importancia relativa tiene la riqueza de especies y la equitatividad.

A pesar de estos problemas, los ecólogos usan estos índices con mucha frecuencia e ignoran algunos problemas bien conocidos en su aplicación.

Es bueno aclarar, que se deben especificar los límites de tiempo durante el cual se hicieron las observaciones, las fronteras espaciales del área que contiene a la comunidad y el camino que se sigue para efectuar el muestreo.

3.4.2. Índices de Diversidad alfa.

Existe, literalmente, un número infinito de índices de diversidad (Peet, 1974). Las unidades de estos índices difieren grandemente, haciendo las comparaciones difíciles y confusas, así como la interpretación de los problemas de estudio.

Los índices que se presentaran a continuación son aparentemente los más fáciles para obtener e interpretar ecológicamente. Dentro de estos, probablemente los más sencillos sean los índices de la serie de Hill (1973b).

(1) NO = S   donde:

S = no. total de especies en la muestra.
(2) $N_1 = e^{H'}$ donde:
H' = índice de SHANNON-WEAVER (1949)

(3) $N_2 = 1/\lambda$ donde:

λ = índice de SIMPSON (1949)

Estos índices constituyen una medida del grado para el cual abundancias proporcionales se distribuyen entre las especies. Explícitamente NO es el número de todas las especies en la muestra (sin tener en cuenta sus abundancias), N2 es el número de las especies muy abundantes, y N1 mide el número de especies abundantes en la muestra. N1 siempre va a tener un valor intermedio entre NO y N2. En otras palabras, el número efectivo de especies es una medida del número de especies en la muestra, donde cada especie es ponderada por su abundancia.

Los índices de Hill difieren solamente en su tendencia a incluir o ignorar las especies raras en la muestra (Alatalo y Alatalo, 1977). Como un ejemplo considera una muestra de 11 especies y 100 individuos donde las abundancias están distribuidas como 90, 1, 1, 1, 1, 1, 1, 1, 1, 1, 1. Obviamente como una especie es muy abundante esperaríamos que N2 esté próximo a 1, lo cual es cierto (N2 = 1.23), NO = 11 y N1 = 1.74, un valor intermedio entre NO y N2.

Dos índices son necesarios para realizar el cálculo de los índices de Hill, estos son los índices de SIMPSON (1949) y de SHANNON-WEAVER (1949). En estos dos, concentraremos la mayor parte de nuestra atención.

Índice de SIMPSON (1949)

$$\lambda = \sum_{i=1}^{S} p_i^2 \quad \text{donde:}$$

p_i = es la abundancia proporcional de la ith especie, la cual está dada por la fórmula:

$p_i = n_i/N, \quad i = 1, 2, 3, ... S.$ Donde:

n_i = no. de individuos de la ith especie

N = no. total de individuos conocidos para todas las especies en la población.

El índice de Simpson varía entre 0 y 1, da la probabilidad de que dos individuos extraídos al azar de una población pertenezcan a la misma especie. Si la probabilidad de que ambos individuos pertenezcan a la misma especie es alta o se aproxima a 1, entonces la diversidad de la muestra de la comunidad es baja.

Recientemente se ha propuesto en la bibliografía en algunos paquetes Open Source una nueva versión del índice de Simpson que se calcula como 1 menos el valor, es decir, 1 – D, lo cual hace su interprestación lineal y por consiguiente más sencilla.

La ecuación propuesta anteriormente es aplicable solo a comunidades donde todos los miembros hayan sido contados i.e., n = N, donde n es el número total de individuos en la muestra y N es el no. total de individuos en la población. Como casi siempre trabajamos con poblaciones infinitas donde es imposible contar a todos los miembros.

Simpson (1949) desarrolló un estimador insesgado (λ) para muestreos en poblaciones infinitas.

$$\lambda = \sum_{i=1}^{S} n_i(n_i - 1) / n(n - 1)$$

Índice de SHANNON-WEAVER (1949)

El índice de Shannon ha sido probablemente el índice más ampliamente utilizado en ecología comunitaria. Este se basa en la teoría de la información (SHANNON & WEAVER, 1949) y es una medida del grado promedio de "incertidumbre" al predecir a que especie pertenece un individuo escogido al azar de una colección de S especies y N individuos.

Esa incertidumbre promedio aumenta en la medida que aumenta el número de especies y la distribución de individuos entre las especies se torna aproximadamente igual. Así H' tiene dos propiedades que la han hecho una popular medida de diversidad:

(1) H' = 0 si y solo si hay solo una especie en la muestra.
(2) H' es máxima, solo cuando las S especies están representadas por el mismo número de individuos.

La ecuación del índice de Shannon es la siguiente:

$$H' = - \sum_{i=1}^{S} (p_i \, Ln \, p_i) \quad donde:$$

pi y S son parámetros poblacionales, por lo que en la práctica H' es estimado como:

$$H' = - \sum_{i=1}^{S} [(n_i/n) \ln (n_i/n)] \quad donde:$$

n_i = no. de individuos que pertenecen a la ith de las especies en la muestra.
n = no. total de individuos en la muestra.

Si embargo, este estimador está sesgado porque el número total de especies en la comunidad (S^*) será probablemente mayor que el número de especies colectadas en la muestra (S). Afortunadamente si n es grande el sesgo disminuye.

Índice de Brillouin (1962)

Se usa cuando las especies presentes en la comunidad están representadas por un número pequeño de ejemplares, de lo contrario el trabajo con factoriales se torna muy engorroso y complicado.

$$H = \frac{1}{n} \ln \frac{n!}{n1! \, n2! \, ... \, ns!} \quad donde:$$

n = no. total de individuos de la muestra.
n_i (n_1, n_2,... n_s) = no. de individuos de cada una de las especies de la comunidad.

También podemos ejercitar estos índices calculándolos en la matriz ya vista de abundancias en varias comunidades de moluscos terrestres.

Especies	Ecosistemas Vegetales				Total
	BG	Mco	P	Bseco	
Alcadia hispida	0	5	0	13	18
Farcimen tortum	34	0	0	4	38
Lamellaxis gracillis	0	7	11	23	41
Subulina octona	12	8	15	45	80
Gongylostoma elegans	0	43	0	12	55
Liguus fasciatus	0	0	0	17	17
Lacteoluna selenina	4	0	0	8	12
Zachrysia auricoma	3	5	4	8	20
Cysticopis exauberi	0	0	0	15	15
N	53	68	30	145	296
H'	0.98	1.16	0.98	1.98	
λ	0.46	0.43	0.38	0.16	

Índice de Simpson (1949)

λ = [(13)(13-1) + (4)(4-1) + (23)(23-1) + (45)(45-1) +   (12)(12-1) + (17)(17-1) + (8)(8-1) + (8)(8-1) + (15)(15-1)/[145(145-1)]

= [(13)(12) + (4)(3) + (23)(22) + (45)(44) + (12)(11) +   (17)(16) + (8)(7) + (8)(7) + (15)(14)/[(145)(144)]

= 3380/ 20880 = 0.16

Índice N_2 de Hill (1973b)

N_2 = 1/ λ = 1/0.16 = 6.25

Índice de Shannon-Weaver (1949)

$H' = - [(13/145)\ln(13/145) + (4/145)\ln(4/145) + (23/145)\ln(23/145) + (45/145)\ln(45/145) + (12/145)\ln(12/145) + (17/145)\ln(17/145) + (8/145)\ln(8/145) + (8/145)\ln(8/145) + (15/145)\ln(15/145)]$

$= - [(- 0.09) + (-0.10) + (-0.29) + (-0.36) + (-0.20) + (-0.25) + (-0.16) + (-0.16) + (-0.23)]$

$= - [- 1.84] = 1.84$

Índice N_1 de Hill (1973b)

$N1 = e^{1.84} = 6.30$

De los índices calculados hasta el momento se puede apreciar, que como era esperado N1 tiene un valor intermedio entre NO = 9 y N2 (6.25).

3.4.3. Método de jack-knife.

Una de las desventajas de los índices ecológicos es que carecen de distribuciones probabilísticas asociadas que permitan la identificación de diferencias estadísticas y sus características como estimadores son matemáticamente complejas y/o desconocidas. Para sobrellevar esto pueden seguirse dos vías alternativas que son:

A. La utilización del algoritmo secuencial de PIELOU (1969) o,
B. La aplicación de técnicas de remuestreo de los datos.

El jackknife fue el primero de los métodos estadísticos de cómputo intensivo, que junto al Bootstrap, la validación cruzada, las pruebas de aleatorización, los árboles de regresión, entre otros conforman el conjunto conocido por el nombre de Métodos de MonteCarlo, generalizado también como sinónimo de simulación de procesos estocásticos. Este es un método de uso múltiple, introducido por QUENOVILLE (1956) y posteriormente desarrollado por TURKEY (1958) con el objetivo de reducir sesgos en estimadores.

La técnica básica del método de jack-knife implica recalcular la diversidad total excluyendo en cada paso uno de los ecosistemas o muestras.

En este caso la nomenclatura es como sigue:

N = Número de unidades de muestreo y/o ecosistemas considerados para la comparación.

V = E el valor de la diversidad total calculado con todas las unidades de muestreo y/o ecosistemas.

VPi = Cada uno de los pseudovalores calculados con base en los valores de diversidad parciales y el valor de diversidad total.

VJi = Es cada uno de los valores de diversidad calculados.

Paso 1. Cacular la diversidad total de todos los ecosistemas.

Especies	Ecosistemas Vegetales				Σ
	BG	Mco	P	Bseco	
Alcadia hispida	0	5	0	13	18
Farcimen tortum	34	0	0	4	38
Lamellaxis gracillis	0	7	11	23	41
Subulina octona	12	8	15	45	80
Gongylostoma elegans	0	43	0	12	55
Liguus fasciatus	0	0	0	17	17
Lacteoluna selenina	4	0	0	8	12
Zachrysia auricoma	3	5	4	8	20
Cysticopis exauberi	0	0	0	15	15
N	**53**	**68**	**30**	**145**	**296**
H'					**2.00**

Paso 2. Cálculo excluyendo BG.

Especies	Ecosistemas Vegetales				Σ
		Mco	P	Bseco	
Alcadia hispida	0	5	0	13	18
Farcimen tortum		0	0	4	4
Lamellaxis gracillis		7	11	23	41
Subulina octona		8	15	45	68
Gongylostoma elegans		43	0	12	55
Liguus fasciatus		0	0	17	17
Lacteoluna selenina		0	0	8	8
Zachrysia auricoma		5	4	8	17
Cysticopis exauberi		0	0	15	15
N		**68**	**30**	**145**	**243**
H' (VJ1)					**1.91**

Paso 3. Cálculo excluyendo MCo.

Especies	Ecosistemas Vegetales				Σ
	BG		P	Bseco	
Alcadia hispida	0	5	0	13	18
Farcimen tortum	34		0	4	38
Lamellaxis gracillis	0		11	23	34
Subulina octona	12		15	45	72
Gongylostoma elegans	0		0	12	12
Liguus fasciatus	0		0	17	17
Lacteoluna selenina	4		0	8	12
Zachrysia auricoma	3		4	8	15
Cysticopis exauberi	0		0	15	15
N	**53**		**30**	**145**	**228**
H' (VJ2)					**1.97**

Paso 4. Cálculo excluyendo P.

Especies	Ecosistemas Vegetales				Σ
	BG	Mco		Bseco	
Alcadia hispida	0	5	0	13	18
Farcimen tortum	34	0		4	38
Lamellaxis gracillis	0	7		23	30
Subulina octona	12	8		45	65
Gongylostoma elegans	0	43		12	55
Liguus fasciatus	0	0		17	17
Lacteoluna selenina	4	0		8	12
Zachrysia auricoma	3	5		8	16
Cysticopis exauberi	0	0		15	15
N	53	68		145	266
H' (VJ3)					2.02

Paso 5. Cálculo excluyendo BSeco.

Especies	Ecosistemas vegetales				Σ
	BG	Mco	P		
Farcimen tortum	34	0	0		34
Lamellaxis gracillis	0	7	11		18
Subulina octona	12	8	15		35
Gongylostoma elegans	0	43	0		43
Liguus fasciatus	0	0	0		0
Lacteoluna selenina	4	0	0		4
Zachrysia auricoma	3	5	4		12
Cysticopis exauberi	0	0	0		0
N	**53**	**68**	**30**		**151**
H' (VJ4)					**1.70**

Paso 6. Cálculo de VPs.

$VPi = (n \times V) - [(n-1)(VJi)]$

$VP1 = (4 \times 2) - [(4-1)(1.91)] = 2.27$

$VP2 = (4 \times 2) - [(4-1)(1.97)] = 2.09$

$VP3 = (4 \times 2) - [(4-1)(2.02)] = 1.94$

$VP4 = (4 \times 2) - [(4-1)(1.70)] = 2.9$

$VP = \Sigma Pi/n = 9.2/4 = \mathbf{2.3}$

Error estándar de VP = S_x VP.

$$Sx\ VP = \frac{S\ VP}{\sqrt{n}}$$

donde:

$$S\ VP = \sqrt{S^2\ VP} = \frac{\Sigma x^2 - (\Sigma x)^2 / n}{n - 1} = \frac{21.69 - (9.2)^2 / 4}{4 - 1} = \frac{21.69 - 21.16}{3}$$

$= 0.53 / 3 = \sqrt{0.18} = \textbf{0.42}$

VP +/- S_x VP x 1.96

VP +/- 0.42 x 1.96 = 0.82

VP +/- 0.82

$1.48 \le 2.3 \le 3.12$

3.4.4. Prueba T para la comparación de H'.

Como se ha señalado anteriormente, el índice de Shannon-Weaver, al igual que otros índices matemático-estadísticos no tiene una distribución probabilística de referencia, de tal suerte existente procedimientos como el antes citado de jack-knife para conseguir un mejor estimador o, como en el siguiente caso, una modificación de la prueba T para la comparación de los valores obtenidos de H'.

De no utilizar la prueba T para la comparación de los valores obtenidos de H' esta comparación tendría un sentido puramente matemático en el que A > B, o A < B, pero sin valor estadístico.

La expresión de T para tal efecto es:

$$T = \frac{[H'_1 - H'_2]}{\sqrt{(var\ H'_1 + var\ H'_2)}}$$

Donde:

H' es el índice de Shannon.

Var H' es la varianza respectiva de cada índice comparado.

d.f. son los grados de libertad.

$$\text{Var H'} = \frac{\sum pi\,(\ln pi)^2 - (\sum pi \ln pi)^2}{N} - \frac{S-1}{2N^2}$$

$$\text{d.f.} = \frac{(\text{Var H'}_1 + \text{Var H'}_2)^2}{\dfrac{(\text{Var H'}_1)^2}{n1} + \dfrac{(\text{Var H'}_2)^2}{n2}}$$

Ejercicio. Considerando las comunidades que habitan en los cuatro ecosistemas anteriores, tomemos los datos de los ecosistemas Bosque de Galería (BG) y Bosque Seco (BS), calculemos H' y luego comparemos los valores obtenidos.

Para este trabajo se parte de las siguientes hipótesis:

Ho: $H'_1 = H'_2$
Hi: $H'_1 \neq H'_2$

Los valores de H' previamente calculados son:

H' BG = 0.98

H' BS = 1.98

H' BG = 0.98

H'= - [$\sum$ (34/53 ln 34/53) + (12/53 ln 12/53) + (4/53 ln 4/53) + 3/53 ln 3/53)]

H'= - [(0.64 ln 0.64) + (0.23 ln 0.23) + (0.07 ln 0.07) + (0.06 ln 0.06)]

H' = - [(0.64 x − 0.45) + (0.23 x − 1.47) + (0.07 x − 2.66) + (0.06 x − 2.81)]

H' = - [- 0.29 − 0.34 - 0.19 − 0.17)

H' = - [- 0.98] = 0.98

H' BS = 1.98

Para el cálculo de la varianza se aplica la expresión ya vista:

$$\text{Var } H' = \frac{\Sigma \, pi \, (\ln pi)^2 - (\Sigma \, pi \ln pi)^2}{N} - \frac{S - 1}{2N^2}$$

Calculando Var H' para BG:

$\Sigma \, pi \, (\ln pi)^2$ = $(0.64 \times 0.20) + (0.23 \times 2.16) + (0.07 \times 7.07) + (0.06 \times 7.9) = 1.59$

$(\Sigma \, pi \ln pi)^2$ = $(-0.98)^2 = 0.96$

Sustituyendo:

$$\text{Var } H' = \frac{1.59 - 0.96}{53} - \frac{4 - 1}{2(53)^2}$$

$$\text{Var } H' = 0.01 - \frac{3}{5618} = 0.01 - 0.0005 = 0.0095$$

Calculando Var H' para BS:

$\Sigma \, pi \, (\ln pi)^2$ = $(0.09 \times 5.80) + (0.03 \times 12.32) + (0.16 \times 3.35) + (0.31 \times 1.37) + (0.08 \times 6.35) + (0.12 \times 4.49) + (0.05 \times 9) + (0.05 \times 9) + (0.10 \times 5.29) = 4.33.$

$(\Sigma \, pi \ln pi)^2$ = $(-1.98)^2 = 3.92.$

Sustituyendo:

$$\text{Var } H' = \frac{\Sigma \, pi \, (\ln pi)^2 - (\Sigma \, pi \ln pi)^2}{N} - \frac{S - 1}{2N^2}$$

$$\text{Var H' } = \frac{4.33 - 3.92}{145} - \frac{9 - 1}{2(145)^2}$$

$$\text{Var H' } = \frac{0.49}{145} - \frac{9 - 1}{42,050} = 0.003 - 0.0001 = 0.0029$$

Para el cálculo de T se aplica la expresión ya vista:

$$T = \frac{[H'_1 - H'_2]}{\sqrt{(var\ H'_1 + var\ H'_2)}} = = \frac{[0.98 - 1.98]}{\sqrt{(0.0095 + 0.0029)}} = \frac{1}{\sqrt{0.0124}} = \frac{1}{0.11} = 9.09$$

$$d.f. = \frac{(0.0095 + 0.0029)^2}{\dfrac{(0.0095)^2}{53} + \dfrac{(0.0029)^2}{145}} = \frac{(0.0124)^2}{0.000002} = \frac{0.00015}{0.000002} = 75$$

T tab

60= 2.00
120 = 1.98

Ttab = 1.99

T calc > Ttab, por tanto se rechaza Ho.

3.4.5. Índices de beta diversidad.

Los índices de diversidad beta brindan una medida cuantitativa del reemplazo de la diversidad a lo largo de un gradiente ecológico, de tal suerte sus valores adquieren sentido en su comparación con otros valores calculados en condiciones similares, ya que al igual que en el caso de los índices de diversidad alfa, no existen tablas estadísticas que permitan su medición.

Algunos de los índices más ampliamente utilizados según MAGURRAN (1987) son los siguientes:

$$\beta i = \log (T) - [(1 / T) \sum ei \log (ei)] - [(1/T) \sum \alpha j \log (\alpha j)]$$

Donde:

$T = \sum ei = \sum \alpha$
ei = número de muestras a lo largo de un transecto en el cual la especie **i** está presente.
αj = riqueza de especies de la muestra **j.**

$$\beta c = g (H) + l(H) / 2$$

Donde:
g = número de especies ganadas a lo largo de un transecto.
l = número de especies perdidas a lo largo de un transecto.
H = especies.

$$\beta r = S^2 / (2 r + S) - 1$$

Donde:
r = número de pares de especies con distribuciones que se sobreponen.
S = número total de especies presentes en todas las muestras.

$$\beta w = S / \propto - 1$$

Donde:
S: número total de especies registradas en el sistema.
$\propto$: Diversidad muestral promedio donde cada muestra es de tamaño estándar y la diversidad es medida como riqueza de especies.

A continuación presentamos un ejemplo de aplicación de los índices anteriores partiendo del trabajo de PÉREZ *et al.* (2004) en el que se estudio la variación de la diversidad a lo largo de un transecto altitudinal ubicado en el Cerro Maderas, Isla de Ometepe, en Nicaragua. Se realizaron dos réplicas del transecto, una en la vertiente norte del cerro (Balgüe) y otra en la vertiente sur (San Ramón) (Fig. 32). Los resultados obtenidos son los siguientes:

Índices	Transectos	
	Balgüe	San Ramón
βi	1.05	1.04
βc	7.5	6
βr	1.5	1.6
βw	2.82	3.75

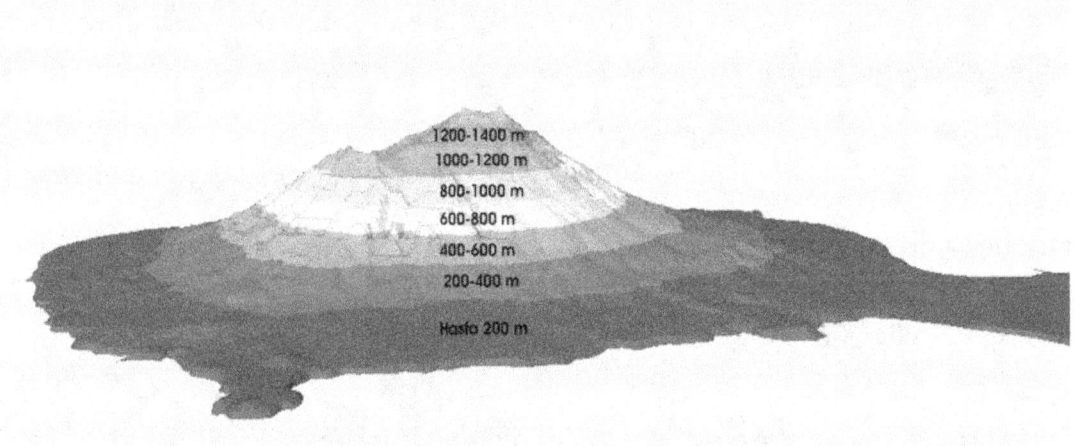

Fig. 32.- Diagrama digital del Volcán Maderas, elaborado por Pujol y Pozo (2000), mostrando el perfil del volcán con las estaciones altitudinales de muestreo.

Comentarios:

Los índices obtenidos mediante el estudio realizado en el Cerro Maderas muestran resultados algo contradictorios. El índice $\beta c=7.5$, para Balgüe y 6 para San Ramón; apunta hacia una diversidad beta más alta en el transecto Balgüe, el índice $\beta i=1.05$, en Balgüe y $\beta i=1.04$, fueron matemáticamente casi idénticos.

Los resultados del índice $\beta r= 1.5$ en Balgüe, y $\beta r= 1.6$ en San Ramón muestran una diversidad beta más alta en San Ramón.

De tal suerte, y para tomar una desición final conclusiva sobre este tema se calculó el índice βw, que dio 2.82 para Balgüe, y 3.75 para San Ramón, evidenciando una diversidad beta más alta para San Ramón. En este punto se debe recordar a MAGURRAN (1987) quien planteó que "el índice βw es la primera y mejor medida de la diversidad beta", lo que significa que este índice cuantifica mejor el reemplazamiento de especies en los transectos estudiados.

3.5. Equitatividad.

3.5.1. Índices de equitatividad.

Expresan la homogeneidad o heterogeneidad en la distribución de las especies en una determinada comunidad.

Cuando todas las especies de una muestra son igualmente abundantes, se puede pensar intuitivamente que los índices de equitatividad tienen valores máximos, y decrecen cuando las abundancias relativas de las especies varían.

Para cuantificar la equitatividad se han propuesto un gran número de índices. En este trabajo se presentaran varios índices que pueden ser expresados como relaciones con la serie de Hill.

Índice de Pielou (1975, 1977).

$$E_1 = J' = H'/\ln(S) = \ln(N_1)/\ln(NO)$$

Este índice expresa H' relacionada con el máximo valor que H' puede obtener cuando todas las especies de la muestra son perfectamente equitativas con un individuo por especie.

El valor de este índice oscila entre 0 y 1, acercándose a la unidad cuando más homogénea sea la distribución de las especies en la biocenosis.

Índice de Sheldon (1969)

$$E_2 = e^{H'}/S = N_1/NO$$

Índice de Heip (1974)

$$E_3 = e^{H'} - 1/ S - 1 = N_1 - 1/ NO - 2$$

Índice de Hill (1973b)

$$E_4 = 1/\lambda / e^{H'} = N_2/N_1$$

Este índice expresa la relación de las especies abundantes y muy abundantes. Si una especie tiende a ser dominante, N_2 y N_1 tienden a 1.

Índice modificado de Hill.

$$E_5 = (1/\lambda) - 1/ e^{H'} - 1 = N_2 - 1/ N_1 - 1$$

Alatalo (1981) demostró que E_5 se aproxima a cero cuando una especie se vuelve más dominante en la comunidad, la cual es una propiedad muy deseada por un índice de equitatividad, por lo cual E_5 es preferido a E_4.

Un índice de equitatividad debe ser independiente del número de especies en la muestra. Intuitivamente, parecería razonable que los índices de equitatividad no cambien sustancialmente cuando se operan cambios en los valores de riqueza de especies. Peet (1974) ha demostrado que el índice J' (E_1) se ve fuertemente afectado por los cambios en la riqueza de especies. La adición de una especie rara a una muestra que contiene solo unas pocas especies (baja S) cambia grandemente los valores de E_1.

La sensitividad de los índices de equitatividad presentados es ilustrada en la siguiente tabla, donde una especie representada por un sólo individuo es adicionada a una muestra que contiene tres especies bien representadas. E_2 y E_3 al igual que E_1 son muy sensibles a los cambios en lo valores de la riqueza de especies.

Índices de equitatividad calculados para dos muestras. La muestra dos difiere de la muestra uno por la presencia de un individuo de una especie nueva (tomado de LUDWIG & REYNOLDS, 1988).

Muestra	S	Abundancias individuales	E_1	E_2	E_3	E_4	E_5
1	3	500, 300, 200	0.94	0.93	0.90	0.94	0.91
2	4	500, 299, 200, 1	0.75	0.71	0.61	0.94	0.90

El número de especies real presente en una comunidad (S*) debe ser conocido cuando se usan E_1, E_2 y E_3, sin embargo, en la práctica, S* es usualmente estimado por el número de especies presentes en la muestra (S). Este subestima a S* y por ende introduce un sesgo numérico en el cálculo de los índices (Pielou, 1977). Peet (1974) notó que la alta sensitividad a la variación muestral puede ocasionar que un índice se torne inservible.
Por otra parte se encuentran los índices E_3 y E_4, que permanecen relativamente constantes con las variaciones muestrales (como la aparición de especies raras) y son más o menos independientes del tamaño muestral. Esto ocurre porque E_3 y E_4 se calculan como razones donde S se incluye en el numerador y en el denominador.

La equitatividad relativa de una comunidad puede ser estimada por la forma de su curva de rarefracción. Las equitatividades más altas pueden ser igualadas a las curvas de rarefracción de pendiente más alta. En el ejemplo del cálculo, el hábitat con mayor equitatividad es el 20 y el de menor el 36.

A continuación veremos un ejemplo del cálculo de los índices estudiados en una de las comunidades de moluscos usadas en los ejemplos anteriores.

Especies	Ecosistemas Vegetales				Total
	BG	Mco	P	Bseco	
Alcadia hispida	0	5	0	13	18
Farcimen tortum	34	0	0	4	38
Lamellaxis gracillis	0	7	11	23	41
Subulina octona	12	8	15	45	80
Gongylostoma elegans	0	43	0	12	55
Liguus fasciatus	0	0	0	17	17
Lacteoluna selenina	4	0	0	8	12
Zachrysia auricoma	3	5	4	8	20
Cysticopis exauberi	0	0	0	15	15
N	53	68	30	145	296

Del cuadro anterior tomaremos los datos de las abundancias para las comunidades de moluscos del Bosque Seco.

Especies	Número de individuos
Alcadia hispida	13
Farcimen tortum	4
Lamellaxis gracillis	23
Subulina octona	45
Gongylostoma elegans	12
Liguus fasciatus	17
Lacteoluna selenina	8
Zachrysia auricoma	8
Cysticopis exauberi	15
Total	145

Índices de equitatividad

$E_1 = \ln(6.30)/\ln(9) = 0.84$

$E_2 = 6.30/9 = 0.7$

$E_3 = (6.30-1)/(9-1) = 5.30/8 = 0.66$

$E_4 = 6.25/6.30 = 0.99$

$E_5 = (6.25-1)/(6.30-1) = 5.25/5.30 = 0.99$

3.5.2. Dominancia.

La dominancia, se puede definir como la relación entre las especies en función de varios factores en la comunidad, entre estos se pueden citar 3 de acuerdo a Emmel (1975):

1) Número de individuos (Abundancia).

2) Tamaño de los individuos.

3) Actividades energéticas.

La dominancia según el índice de Simpson es:

$D = \Sigma (pi)^2$ donde: $pi = ni/n$ y

ni = es la abundancia de la ith especie en la comunidad
n = es la totalidad de ejemplares en la muestra.

En este caso, el índice de Simpson se interpreta de manera inversa a cuando es usado como índice de Diversidad, es decir, partiendo del supuesto de que al aumentar la dominancia disminuye la equitatividad y por tanto la diversidad, en la medida que el índice de Simpson sea mayor la diversidad es menor y la dominancia es mayor.

Otro índice para cuantificar la dominancia de las especies más importantes es el índice de McNAUGHTON & WOLF (1970), este tiene en cuenta la abundancia relativa de las dos especies más abundantes, según la siguiente expresión:

$D_{1,2} = (X_1 + X_2)/At$

Donde:

X_1 : es la abundancia de la especie más abundante de la comunidad.

X_2 : es la abundancia de la segunda especie más abundante de la comunidad.

At : es la abundancia total de todas las especies de la comunidad.

Los valores de todos los índices medidores de la estructura comunitaria, pueden ser sintetizados en la siguiente matriz:

Especies	Ecosistemas Vegetales				Total
	BG	Mco	P	Bseco	
Alcadia hispida	0	5	0	13	18
Farcimen tortum	34	0	0	4	38
Lamellaxis gracillis	0	7	11	23	41
Subulina octona	12	8	15	45	80
Gongylostoma elegans	0	43	0	12	55
Liguus fasciatus	0	0	0	17	17
Lacteoluna selenina	4	0	0	8	12
Zachrysia auricoma	3	5	4	8	20
Cysticopis exauberi	0	0	0	15	15
N	53	68	30	145	296
S	4	5	3	9	
H'	0.98	1.16	0.98	1.98	
λ	0.46	0.43	0.38	0.16	
E_1	0.70	0.72	0.89	0.90	
E_5	0.70	0.61	0.97	0.82	
$D_{1,2}$	0.46	0.43	0.38	0.16	

3.6. Clasificación de comunidades.

El empleo de métodos de clasificación numérica en los estudios ecológicos ha cobrado particular auge en los últimos años, debido a su probada utilidad para sintetizar en grupos la información contenida en grandes matrices de datos, lo cual facilita su posterior interpretación en relación con variables físicas o químicas del medio.

Las citas que pudieran señalarse al respecto son numerosas, por lo tanto es preferible mencionar el trabajo de BOESCH (1977) que resume la información más importante sobre el tema, además de brindar una didáctica discusión sobre sus aspectos teóricos y prácticos.

Según HERRERA *et al.* (1987) se pueden reconocer un grupo de pasos para la aplicación de estos métodos, los cuales son los siguientes:

1) Muestreo y obtención de los datos

2) Confección de la matriz original de los datos

3) Selección de la medida de similitud

4) Confección de las matrices de similitud

5) Empleo de técnicas de agrupamiento

6) Interpretación de las clasificaciones

7) Determinación de patrones ecológicos o taxonómicos.

PASOS.-

1) Muestreo y obtención de los datos.

2) Confección de la matriz original de datos.

Para la confección de la matriz original se emplean los datos de los muestreos realizados en el campo, los cuales pueden ser binarios (Presencia/ ausencia) en caso de tratarse de un estudio biogeográfico o cuantitativos en caso de tratarse de un estudio ecológico o taxonómico.

Se plantea que las comparaciones realizadas partiendo de datos cuantitativos arrojan resultados mucho más exactos de las relaciones entre las entidades estudiadas (CRISCI & LÓPEZ, 1983), ya que ponderan en su justa medida las especies raras, generalmente muy escasas y las especies abundantes.

No obstante el uso de índices con valores cualitativos o de presencia/ausencia es también muy útil en algunos casos, principalmente cuando algunas de las especies que componen la comunidad presentan dificultades para su estudio, como es el caso de las especies de vida esencialmente subterránea. El tratamiento de las especies raras es también muy útil con este tipo de índices, ya que con frecuencia aparecen muertas y no se pueden usar como datos de abundancia.

Dichos datos se pueden representar en una tabla como la siguiente, ya utilizada, donde se reflejan datos de presencia/ ausencia.

Especies	Ecosistemas Vegetales			
	BG	Mco	P	Bseco
Alcadia hispida	0	5	0	13
Farcimen tortum	1	0	0	1
Lamellaxis gracillis	0	1	1	1
Subulina octona	1	1	1	1
Gongylostoma elegans	0	1	0	1
Liguus fasciatus	0	0	0	1
Lacteoluna selenina	1	0	0	1
Zachrysia auricoma	1	1	1	1
Cysticopis exauberi	0	0	0	1

Los datos de abundancia constituyen un reflejo de como asimila la comunidad animal de estudio el conjunto de factores bióticos y abióticos del ecosistema vegetal sobre el que vive.

HERRERA *et al.* (1987) en un estudio ecológico de determinación de patrones de zonación del litoral rocoso de acuerdo a la fauna de moluscos presente, planteó que una vez obtenidos los patrones de agrupamiento según datos binarios, se usaron datos cuantitativos para corregir las posibles imprecisiones cometidas.

3) Selección de las medidas de similitud/ disimilitud

El paso siguiente a la confección de la matriz de datos originales, es la elección de una medida de similitud o disimilitud, la cual estará en dependencia del tipo de datos obtenidos.

Antes de continuar analizando la secuencia de pasos para la realización del análisis de clasificación vamos a estudiar algunos aspectos generales necesarios para la comprensión del método.

Índices de comparación de comunidades.

Según CRISCI & LÓPEZ (1983) existen tres tipos de índices para la comparación entre entidades biológicas, índices de asociación, índices de distancia e índices de correlación.

Los índices de asociación consisten en expresiones matemáticas sencillas pero que exigen en general el trabajo con datos de doble estado (0-1). Existen numerosos índices de todos estos tipos.

Hay que destacar que los índices de distancia y correlación trabajan con variables cuantitativas y los índices de asociación trabajan con variables de doble estado.

Índices de asociación.

Se aplican esencialmente sobre matrices con datos de doble estado, es decir, de presencia-ausencia, por tanto pueden asumir valores de 1 cuando existe máxima similitud y valores de 0 cuando la similitud es mínima.

1) Coeficiente de JACCARD (1901).

$$CJ = c/ c+a+b$$

Donde:

c = número de especies comunes para las dos muestras
a = número de especies de la muestra A
b = número de especies de la muestra B

2) El índice de Sorensen, que se define por la expresión:

$$S = 2c/ a+b \quad \text{donde:}$$

a = número de especies de la muestra A
b = número de especies de la muestra B
c = número de especies comunes a las dos muestras.

En el caso de emplear datos binarios se puede obviar el paso correspondiente a la transformación, el cual resulta muchas veces imprescindible cuando se emplean datos cuantitativos (BOESCH, 1977).

Índices de distancia.

Se aplican sobre matrices básicas que presentan datos de doble-estado o multiestado o en las que poseen ambos tipos de datos (datos mixtos).

1) MCD (Mean Character Difference) (Cain y Harrison, 1958).

$$MCD = 1/n \sum_{i=1}^{n} | (Xij - Xik)| \quad \text{Donde:}$$

Xij : valor de las abundancias de la especie i en la UM J

Xik : valor de las abundancias de la especie i en la UM K

n : número total de especies en las dos UM comparadas.

2) Distancia de Crovello.

$$CD = \sum_{i=1}^{n} \sqrt{ [(\overline{Xij} - \overline{Xik})^2 + (Sij - Sik)^2] } \quad \text{donde:}$$

$\overline{Xij}$: Valor medio de las abundancias de la especie i para la UM J

$\overline{Xik}$: Valor medio de las abundancias de las especie i para la UM k.

Sij : Desviación estándar de las abundancias de la especie i para la UM J.

Sik : Desviación estándar de las abundancias de la especie i para la UM K.

Los valores obtenidos a partir de la aplicación de los coeficientes de distancia varían de 0 a infinito, siendo 0 la máxima similitud, puesto que es el menor valor de distancia posible.

4) Confección de las matrices de similitud

Los datos contenidos en la matriz original pueden ser particionados por filas o por columnas según el interés del investigador. Si se quiere realizar el análisis entre las unidades de muestreo se llevará a cabo el análisis directo o análisis Q.

Si por el contrario se quiere estudiar el agrupamiento de las especies en relación con los ecosistemas de donde procedan tendremos que realizar el análisis R o análisis inverso. Este se denota con la letra R porque su uso se comenzó a popularizar posteriormente al análisis Q, que es la letra que le antecede en el alfabeto.

Retomando el ejemplo trabajado podríamos ejemplificar todo lo anterior calculando un índice de similitud, p. ej. el de Sorensen para los datos de presencia/ausencia y un índice de disimilitud o distancia entre los datos de abundancia

En el caso del índice de Sorensen, dado por la expresión S=2c/a+b, durante la confección de la matriz del análisis normal (similitud entre ecosistemas), las letras **a** y **b** indican número total de especies en cada uno de los ecosistemas que se comparan y **c** indica el número de especies compartidas.

Cuando se trata de la matriz de similitud inversa (similitud entre especies) las letras indican: **a** y **b** número de ocurrencias de cada una de las dos especies que se comparan, **c** número de ocurrencias comunes.

5) Selección del método de agrupamiento.

El análisis de agrupamientos comprende técnicas que, siguiendo reglas más o menos arbitrarias, forman grupos de Unidades de Muestreo que se asocian por su grado de similitud.

Esta definición es poco precisa y ello se debe a dos factores: primero, el escaso acuerdo entre los investigadores acerca de como reconocer los límites entre grupos, y segundo, la enorme cantidad de técnicas propuestas.

De todas las alternativas existentes las más utilizadas son las exclusivas, jerárquicas, aglomerativas y secuenciales, las cuales se combinan caracterizando a las técnicas de agrupamientos que utilizaremos. Dentro de las mismas hemos elegido, por ser las más sencillas, las del llamado grupo par (pair group) en las cuales solamente puede ser admitida una unidad de muestreo o un grupo de unidades de muestreo por nivel. Esto significa que los grupos formados en cualquier etapa de los agrupamientos contienen solo dos miembros.

A continuación describiremos la técnica operativa, con sus variantes:

I. Paso.- Se examina la matriz de similitud para localizar el mayor valor de similitud existente en ella, descartando lógicamente, la diagonal principal. Se identifica así a las dos Unidades de Muestreo que formarán el denominado núcleo del primer grupo.

Núcleo es todo conjunto formado por dos unidades de muestreo y grupo es todo conjunto formado por más de dos unidades de muestreo. En algunos casos puede haber más de un valor máximo de similitud, es decir otro par o pares de unidades de muestreo presentan igual valor que el anterior; en ese caso se construyen a ese nivel dos o más núcleos separados.

2. paso.- Se busca en la matriz de similitud el próximo valor de mayor similitud. En las primeras etapas del proceso de agrupamiento, el hallazgo de este nuevo valor puede llevar a:

- la formación de nuevos núcleos.

- la incorporación de una unidad de muestreo a un núcleo ya existente para formar un grupo y,

- la fusión de los niveles existentes.

3. Paso.- Se repite la segunda etapa del proceso hasta que todos los núcleos y grupos estén unidos y en ellos se incluya la totalidad de las unidades de muestreo.

El primer paso es común a todas las técnicas, el segundo (incorporación de nuevas unidades de muestreo a núcleos y grupos existentes) puede realizarse por tres caminos diferentes denominados:

a) ligamiento simple
b) ligamiento completo
c) ligamiento promedio

Ligamiento simple

Las Unidades de Muestreo se incorporan a grupos o núcleos ya formados tomando en cuenta que el valor de similitud entre la UM candidato a incorporarse y el grupo o núcleo es el de mayor valor de similitud.

Si el candidato a incorporarse es un grupo o núcleo en sí mismo, el valor de similitud será igual a la máxima similitud hallada una proveniente de cada grupo o núcleo.

Ligamiento completo: En este caso se considera que el valor de similitud entre la UM candidato a incorporarse y el grupo o núcleo es igual a la similitud entre el candidato y el grupo o núcleo menos parecido a él, en otras palabras, el de menor valor de similitud. Si el candidato a incorporarse es un grupo o núcleo en si mismo, el valor de la similitud será igual a la mínima similitud hallada entre dos UM provenientes una de cada grupo o núcleo.

Ligamiento Promedio: En este caso se considera que el valor de similitud entre la UM candidato a incorporarse y el grupo o núcleo es igual a una similitud promedio resultante de los valores de similitud entre el candidato y cada uno de los integrantes del grupo o núcleo.

Como existen varios tipos de medias, es posible contar con más de una técnica de ligamiento promedio. La más utilizada es la media aritmética no ponderada (UPGMA, unweighted pair-group method using aritmethic averages). Si el candidato a incorporarse es un grupo o núcleo en sí mismo, el valor de similitud será un promedio de los valores de similitud entre los pares posibles de UM provenientes uno de cada grupo o núcleo.

El reconocimiento al que se formarán nuevos núcleos o grupos, o se incorporarán nuevas UM, o al que se fusionarán los núcleos o grupos existentes, se ve facilitado por la obtención de **matrices derivadas**.

En el presente curso vamos a estudiar el primer método, es decir, el método de ligamiento simple.

6) Interpretación de las clasificaciones

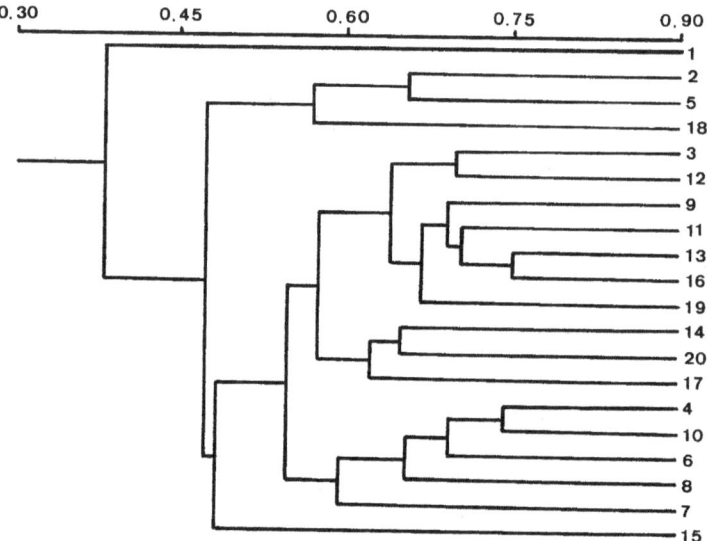

Fig. 33.- Dendrograma de PÉREZ (2002) que muestra la relación entre las cuadrículas usadas para el análisis de la zonación biogeográfica de los moluscos del Pacífico.

158

7) Determinación de patrones ecológicos o taxonómicos.

Ejemplo. Clasificación de las cuatro comunidades estudiadas en este capítulo utilizando el índice de Sorensen para datos binarios o de presencia/ ausencia y la estrategia de ligamiento simple.

Matriz original:

Especies	Ecosistemas Vegetales			
	BG	**Mco**	**P**	**Bseco**
Alcadia hispida	0	1	0	1
Farcimen tortum	1	0	0	1
Lamellaxis gracillis	0	1	1	1
Subulina octona	1	1	1	1
Gongylostoma elegans	0	1	0	1
Liguus fasciatus	0	0	0	1
Lacteoluna selenina	1	0	0	1
Zachrysia auricoma	1	1	1	1
Cysticopis exauberi	0	0	0	1
Presencias	**4**	**5**	**3**	**9**

Índice de Sorensen:

$$S = \frac{2C}{a+b} \quad donde:$$

a: cantidad de especies de la entidad A.
b: cantidad de especies de la entidad B.
C: cantidad de especies compartidas.

Matriz de similitud:

	BG	MCo	P	BS
BG	1			
Mco	0.44	1		
P	0.57	**0.75**	1	
BS	~~0.61~~	0.71	~~0.5~~	1

Cálculos:

Primera matriz derivada:

	Mco-P	BG	BS
Mco-P	--		
BG	0.44	--	
BS	**0.71**	0.61	--

Segunda matriz derivada:

	Mco-P-BS	BG
Mco-P-BS	--	
BG	**0.61**	--

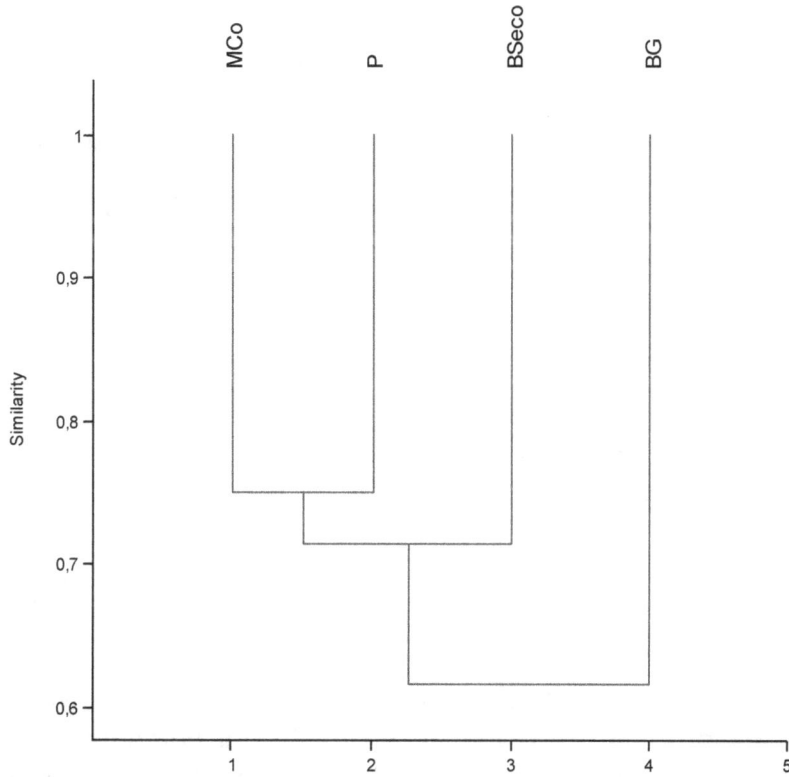

Fig.- 34.- Dendrograma de clasificación entre los ecosistemas vegetales.

3.7. Otros índices de comparación entre comunidades.

Existen algunos índices que permiten realizar comparaciones entre comunidades teniendo en cuenta la composición de especies presentes en estas. En este trabajo analizaremos el índice de subordinación ecológica (SE) de SIMPSON (1949) y el índice de reemplazo interespecífico (R).

El índice de subordinación ecológica (SE) de Simpson (1949) viene dado por la siguiente expresión:

S = C/N

Donde:

C es el número de especies comunes a los hábitat A y B.
N es el número de la comunidad con menor riqueza de especies entre las dos que se comparan.

161

Este índice precisa la subordinación ecológica de la comunidad con menor riqueza específica respecto a la comunidad con mayor riqueza.

Si calculamos este índice para todas las combinaciones entre pares de ecosistemas la mejor forma para realizar los cálculos es mediante una matriz simétrica donde quede reflejado en cada casilla el valor del índice para cada par de ecosistemas.

Ecosistemas	Bosque de Galería	Manigua Costera	Pastizal	Bosque Seco
Bosque de Galería	----			
Manigua Costera	0.5	----		
Pastizal	0.66	1	----	
Bosque Seco	1	0.66	1	------

Para su mejor comprensión los resultados de la aplicación de este índice se expresan en porcentajes.

Según SÁNCHEZ & LÓPEZ (1988) valores de similitud del 66.6 % establecen la subordinación señalada, es decir aunque se habla del porcentaje de subordinación entre las comunidades que se comparan existe una subordinación efectiva para valores iguales o mayores del 66 %.

La representación diagramática de los resultados es probablemente mejor para la comprensión de los resultados.

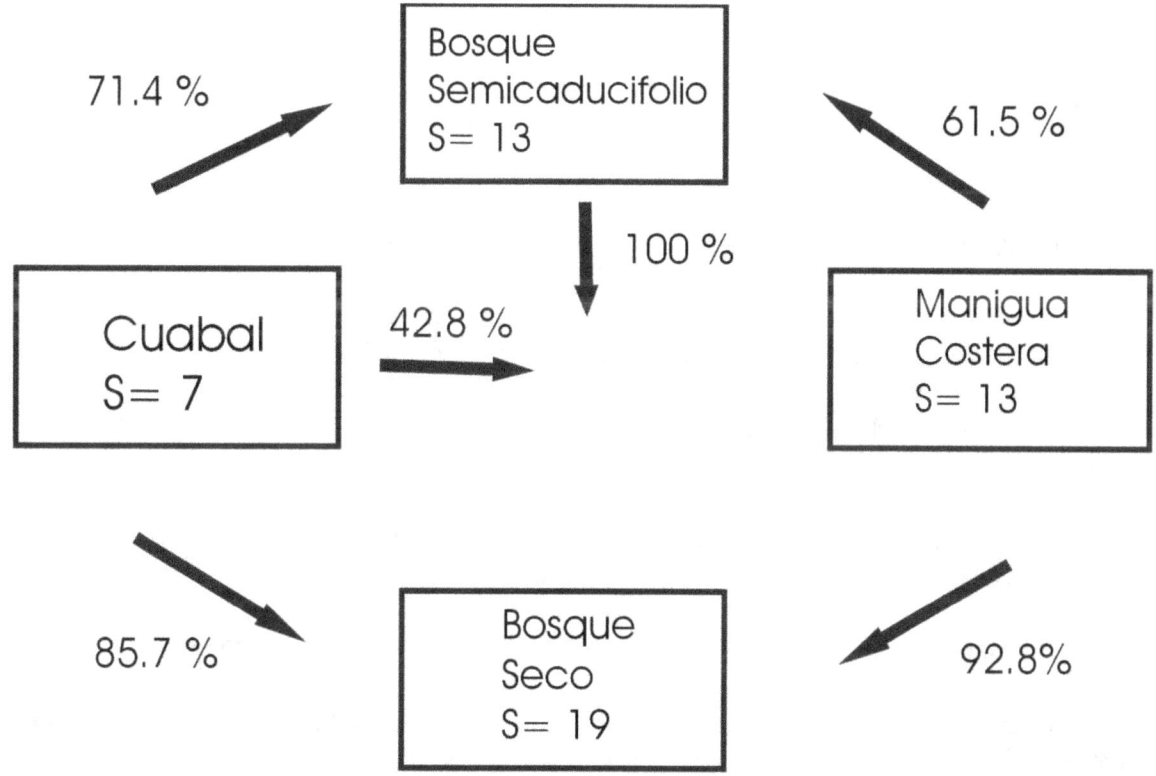

Fig. 35.- Relaciones de subordinación ecológica según el índice S. Las saetas indican el sentido de la subordinación. Ejemplo tomado de PÉREZ *et al.* (1996).

La saeta de la flecha siempre está dirigida hacia la comunidad o ecosistema del cual se subordina la otra comunidad o ecosistema.

El índice de SE ofrece una idea de la integración de las diferentes comunidades estudiadas en cada ecosistema, y también puede ser entendido como un índice de similitud.

Las comunidades que exhiban valores pequeños estarán compuestas por especies especialistas muy adaptadas a las condiciones ambientales.

3.8. BIBLIOGRAFÍA.

BEROVIDES, V. & M.A. ALFONSO. 1987. *Los genes en las poblaciones*. Editorial Científico Técnica, La Habana. 277 p.

BROWN, J.H. & M.V. LOMOLINO. 1998. *Biogeografía*. 2nd edition. Sinauer associates, inc. Sunderland, Massachussets. 691 p.

BOESCH, D.F. 1977. Applications of numerical classification in ecological investigations of water polution. *Ecol. Res. Ser.* EPA- 600/3-77-033, 115 p.

CRISCI, J.V. & M.F. LÓPEZ. 1983. *Introducción a la teoría y la práctica de la taxonomía numérica*. Secretaría General de la OEA, Washington, D.C. 132 p.

DENIS, D. 2000. Aplicación del método de jack-knife a un descriptor de la dieta en aves. *Revista de Biología*, UH. 14(2):126-132.

GOULD, S.J. 1991. *La vida maravillosa*. Editorial Crítica, S.A., Barcelona. 313 p.

HALFFTER, G. 1992. Diversidad biológica y cambio global. *Ciencia y Desarrollo*, 18(104): 33-38.

HERRERA, A., R. del VALLE & N. CASTILLO. 1987. Aplicación de métodos de clasificación numérica en el estudio ecológico del litoral rocoso. *Reporte de Investigación.*, Instituto de Oceanología, 70:1-17.

HILL, M.O. 1973. Diversity of evenness: a unifying notation and its consequences. *Biology*, 54: 321-346

HURLBERT, S.H. 1978. The non- concept of species diversity: a critique and alternative parameters. *Ecology*, 52:577- 586.

JACCARD, P. 1901. Etude comparative de la distribution florale dans une portion des Alpes et des Jura. *Bull. Soc. Vaudoise Sci. Nat.*, 37:547-579.

LUDWIG, J.A. & J.F., REYNOLDS. 1988. *Statistical Ecology: a primer on methods and computing*. A Wiley Interscience Publication. United States of America. 338 p.

McNAUGHTON, L.J. & L. WOLF. 1970. Dominance and the niche in ecological systems. *Science*, 167:131-139.

MAGURRAN, A.E. 1987. *Ecological diversity and its measurement*. Princeton University Press, Princeton. 177 p.

PÉREZ, A.M. 2002. Malacogeographic regionalization, diversity and endemism in the pacific of Nicaragua. *Biogeographica*, 78(3)81-94.

PÉREZ, A.M. & A. LÓPEZ. 1995. La diversidad malacológica en Nicaragua: aproximaciones a un nuevo enfoque. *Encuentro*, 43:28-32

PÉREZ, A.M. & A. LÓPEZ. 1998. Análisis comparativo preliminar de localidades notables de gastrópodos de Nicaragua. *Encuentro*, 46:60-70.

PÉREZ, A.M., VILASECA, J.C. & N., ZIONE. 1996. Sinecología básica de moluscos terrestres en cuatro formaciones vegetales de Cuba. *Revista de Biología Tropical*, 44:133-146.

PÉREZ, A.M., M. SOTELO & I. ARANA. 2004. Altitudinal variation of diversity on landsnail communities from Maderas Volcano, Ometepe Island, Nicaragua. *Iberus*, 22 (1):133-145

PIELOU, E.C. 1969. *Introduction to mathematical* ecology. Wiley and Sons, New York.

PIELOU, E.C. 1975. *Ecological Diversity*. Wiley, New York.

PIELOU, E.C. 1977. *Mathematical Ecology*. Wiley, New York.

PUJOL, P. and POZO, E., 2000. *Metodología para elaborar una malla de triángulos irregulares*. Cartel. Universitat de Girona, España.

QUENOVILLE, M. 1956. Notes on bias in estimation. *Biometrika*, 43:353-360.

SHANNON, C.E. & W., WEAVER. 1949. *The mathematical theory of communications*. University of Illinois, Urbana, Illinois.

SIMPSON, E.H. 1949. Measurement of diversity. *Nature*, 163:688.

SOUTHWOOD, T.R.E. 1978. *Ecological Methods*. Chapman & Hall, eds., 524 p.

TANSLEY, A.G. & T.F. CHIPP. 1926. Aims and methods in the study of vegetation. *Br. Emp. Veg. Comm.*, Whitefriars Press, London. 383 p.

TURQUEY, J. 1958. Bias and confidence in not quite large samples (abstract). *Ann. Math. Stat.*, 29:614.

WHITTAKER, R.H. 1972. Evolution and measurement of plant communities. *Taxon*, 21:213-251.

WHITTAKER, R.H. 1975. *Communities and ecosystems*. 2nd. Edition. New York, MacMillan.

Paquetes informáticos (Software)

A lo largo de este libro se menciona en varias ocasiones el paquete informático BASICA de LUDWIG & REYNOLDS (1988), muy utilizado por nosotros en los años 90, y aunque ya lo utilizamos poco no hemos querido quitar las referencias al mismo. No obstante, considero importante mencionar que actualmente casi todos los análisis los realizamos con otros paquetes.

Por ejemplo, la mayoría de los análisis del capítulo II, "Análisis de la Variación Biológica y su Cuantificación", los realizamos con PAST (*PAlaeontological STatistics*, ØYVIND *et al.* 2008)[1], un paquete "open source" o con SPSS (Statistical Package for Social Sciences). En el caso de los análisis e indices explicados en el Capítulo III, "Cuantificación de la Diversidad Ecológica", son realizados también con PAST, o con EstimateS (COLWELL, 2004)[2], otro paquete "open source".

---

[1] Øyvind, H., Harper, D.A.T. and Ryan, P.D. 2008. *PAST - PAlaeontological STatistics*, ver. 1.79. User´s Manual. 87 p.
[2] Colwell, R. K. 2004. *EstimateS*, Version 7: Statistical Estimation of Species Richness and Shared Species from Samples.

Tablas estadísticas

Tabla de números aleatorios (http://stattrek.com/tables/random.aspx).

```
15353  30048  32848  51006  96531  86513  43125  46733  09349  21503
58483  74100  53806  14689  05481  06549  03344  12958  84118  97195
11081  42865  94395  92922  23898  04413  09753  93731  41797  97599
56751  52738  17894  95868  35388  16826  99072  25775  45665  12553
11890  87322  87582  39920  56347  80509  34579  72369  32443  78777
13217  36457  13621  08685  96936  32184  26439  70232  38852  59551
70896  63419  85850  18557  20435  61687  64487  82645  28171  91595
48206  78373  40988  53142  90122  05740  85445  46329  37120  38188
34984  44597  15758  02276  16162  74505  26034  98004  28980  36052
41393  25371  73437  29239  88391  57819  49533  27507  67028  48465
```

Valores de correlación de Pearson para los niveles de significación de 0.01 y 0.05.

gl	0,05	0,01	df	0,05	0,01
1	0,997	0,9999	32	0,339	0,436
2	0,950	0,990	34	0,329	0,424
3	0,878	0,959	35	0,325	0,418
4	0,811	0,917	36	0,320	0,413
5	0,754	0,874	38	0,312	0,403
6	0,707	0,834	40	0,304	0,393
7	0,666	0,798	42	0,297	0,384
8	0,632	0,765	44	0,291	0,376
9	0,602	0,735	45	0,288	0,372
10	0,576	0,708	46	0,284	0,368
11	0,553	0,684	48	0,279	0,361
12	0,532	0,661	50	0,273	0,354
13	0,514	0,641	55	0,261	0,338
14	0,497	0,623	60	0,250	0,325
15	0,482	0,606	65	0,241	0,313
16	0,468	0,590	70	0,232	0,302
17	0,456	0,575	75	0,224	0,292
18	0,444	0,561	80	0,217	0,283
19	0,433	0,549	85	0,211	0,275
20	0,423	0,537	90	0,205	0,267
21	0,413	0,526	95	0,200	0,260
22	0,404	0,515	100	0,195	0,254
23	0,396	0,505	125	0,174	0,228
24	0,388	0,496	150	0,159	0,208
25	0,381	0,487	175	0,148	0,193
26	0,374	0,479	200	0,138	0,181
27	0,367	0,471	300	0,113	0,148
28	0,361	0,463	400	0,098	0,128
29	0,355	0,456	500	0,088	0,115
30	0,349	0,449	1000	0,062	0,081

Valores críticos del coeficiente de correlación por rangos de Spearman para los niveles de significación de 0.01 y 0.05.

	Nivel de significación para pruebas de una cola			
	0,05	0,025	0,01	0,005
	Nivel de significación para pruebas de dos colas			
n	0,10	0,05	0,02	0,01
5	0,900	–	–	–
6	0,829	0,886	0,943	–
7	0,714	0,786	0,893	–
8	0,643	0,738	0,833	0,881
9	0,600	0,683	0,783	0,833
10	0,564	0,648	0,745	0,794
11	0,523	0,623	0,736	0,818
12	0,497	0,591	0,703	0,780
13	0,475	0,566	0,673	0,745
14	0,457	0,545	0,646	0,716
15	0,441	0,525	0,623	0,689
16	0,425	0,507	0,601	0,666
17	0,412	0,490	0,582	0,645
18	0,399	0,476	0,564	0,625
19	0,388	0,462	0,549	0,608
20	0,377	0,450	0,534	0,591
21	0,368	0,438	0,521	0,576
22	0,359	0,428	0,508	0,562
23	0,351	0,418	0,496	0,549
24	0,343	0,409	0,485	0,537
25	0,336	0,400	0,475	0,526
26	0,329	0,392	0,465	0,515
27	0,323	0,385	0,456	0,505
28	0,317	0,377	0,448	0,496
29	0,311	0,370	0,440	0,487
30	0,305	0,364	0,432	0,478

Valores críticos de la distribución T (izquierda) y X^2 (derecha).

	Nivel de significación para pruebas de una cola						Nivel de significación	
	0,05	0,025	0,01	0,005		gl	0,05	0,01
	Nivel de significación para pruebas de dos colas					1	3,84	6,63
						2	5,99	9,21
gl	0,10	0,05	0,02	0,01		3	7,81	11,34
						4	9,49	13,28
1	6,314	12,706	31,821	63,657		5	11,07	15,09
2	2,920	4,303	6,965	9,925				
3	2,353	3,182	4,541	5,841		6	12,59	16,81
4	2,132	2,776	3,747	4,604		7	14,07	18,48
5	2,015	2,571	3,365	4,032		8	15,51	20,09
						9	16,92	31,67
6	1,943	2,447	3,143	3,707		10	18,31	23,21
7	1,895	2,365	2,998	3,499				
8	1,860	2,306	2,896	3,355		11	19,68	24,72
9	1,833	2,262	2,821	3,250		12	21,03	26,22
10	1,812	2,228	2,764	3,169		13	22,36	27,69
						14	23,68	29,14
11	1,796	2,201	2,718	3,106		15	25,00	30,58
12	1,782	2,179	2,681	3,055				
13	1,771	2,160	2,650	3,012		16	26,30	32,00
14	1,761	2,145	2,624	2,977		17	27,59	33,41
15	1,753	2,131	2,602	2,947		18	28,87	34,81
						19	30,14	36,19
16	1,746	2,120	2,583	2,921		20	31,41	37,57
17	1,740	2,110	2,567	2,898				
18	1,734	2,101	2,552	2,878		21	32,67	38,93
19	1,729	2,093	2,539	2,861		22	33,92	40,29
20	1,725	2,086	2,528	2,845		23	35,17	41,64
						24	36,42	42,98
21	1,721	2,080	2,518	2,831		25	37,65	44,31
22	1,717	2,074	2,508	2,819				
23	1,714	2,069	2,500	2,807		26	38,89	45,64
24	1,711	2,064	2,492	2,797		27	40,11	46,96
25	1,708	2,060	2,485	2,787		28	41,34	48,28
						29	42,56	49,59
26	1,706	2,056	2,479	2,779		30	43,77	50,89
27	1,703	2,052	2,473	2,771				
28	1,701	2,048	2,467	2,763		40	55,76	63,69
29	1,699	2,045	2,462	2,756		50	67,50	76,15
30	1,697	2,042	2,457	2,750		60	79,08	88,38
						70	90,53	100,43
40	1,684	2,021	2,423	2,704		80	101,88	112,33
60	1,671	2,000	2,390	2,660		90	113,15	124,12
120	1,658	1,980	2,358	2,617		100	124,34	135,81
x	1,645	1,960	2,326	2,576				

Valores de la Prueba U de Mann-Whitney para dos colas y un nivel de significación de 0.05.

n_1 y n_2 son el número de observaciones en cada muestra

n_1	n_2																		
	2	**3**	**4**	**5**	**6**	**7**	**8**	**9**	**10**	**11**	**12**	**13**	**14**	**15**	**16**	**17**	**18**	**19**	**20**
2							0	0	0	0	1	1	1	1	1	2	2	2	2
3				0	1	1	2	2	3	3	4	4	5	5	6	6	7	7	8
4			0	1	2	3	4	4	5	6	7	8	9	10	11	11	12	13	13
5		0	1	2	3	5	6	7	8	9	11	12	13	14	15	17	18	19	20
6		1	2	3	5	6	8	10	11	13	14	16	17	19	21	22	24	25	27
7		1	3	5	6	8	10	12	14	16	18	20	22	24	26	28	30	32	34
8	0	2	4	6	8	10	13	15	17	19	22	24	26	29	31	34	36	38	41
9	0	2	4	7	10	12	15	17	20	23	26	28	31	34	37	39	42	45	48
10	0	3	5	8	11	14	17	20	23	26	29	33	36	39	42	45	48	52	55
11	0	3	6	9	13	16	19	23	26	30	33	37	40	44	47	51	55	58	62
12	1	4	7	11	14	18	22	26	29	33	37	41	45	49	53	57	61	65	69
13	1	4	8	12	16	20	24	28	33	37	41	45	50	54	59	63	67	72	76
14	1	5	9	13	17	22	26	31	36	40	45	50	55	59	64	67	74	78	83
15	1	5	10	14	19	24	29	34	39	44	49	54	59	64	70	75	80	85	90
16	1	6	11	15	21	26	31	37	42	47	53	59	64	70	75	81	86	92	98
17	2	6	11	17	22	28	34	39	45	51	57	63	67	75	81	87	93	99	105
18	2	7	12	18	24	30	36	42	48	55	61	67	74	80	86	93	99	106	112
19	2	7	13	19	25	32	38	45	52	58	65	72	78	85	92	99	106	113	119
20	2	8	13	20	27	34	41	48	55	62	69	76	83	90	98	105	112	119	127

Valores críticos de la distribución F para un nivel de significación de 0.05.

v_2									v_1										
	1	2	3	4	5	6	7	8	9	10	12	15	20	24	30	40	60	120	∞
1	161.45	199.50	215.71	224.58	230.16	233.99	236.77	238.88	240.54	241.88	243.91	245.95	248.01	249.05	250.10	251.14	252.20	253.25	254.31
2	18.513	19.000	19.164	19.247	19.296	19.330	19.353	19.371	19.385	19.396	19.413	19.429	19.446	19.454	19.462	19.471	19.479	19.487	19.496
3	10.128	9.5521	9.2766	9.1172	9.0135	8.9406	8.8867	8.8452	8.8123	8.7855	8.7446	8.7029	8.6602	8.6385	8.6166	8.5944	8.5720	8.5594	8.5264
4	7.7086	6.9443	6.5914	6.3882	6.2561	6.1631	6.0942	6.0410	5.9988	5.9644	5.9117	5.8578	5.8025	5.7744	5.7459	5.7170	5.6877	5.6581	5.6281
5	6.6079	5.7861	5.4095	5.1922	5.0503	4.9503	4.8759	4.8183	4.7725	4.7351	4.6777	4.6188	4.5581	4.5272	4.4957	4.4638	4.4314	4.3985	4.3650
6	5.9874	5.1433	4.7571	4.5337	4.3874	4.2839	4.2067	4.1468	4.0990	4.0600	3.9999	3.9381	3.8742	3.8415	3.8082	3.7743	3.7398	3.7047	3.6689
7	5.5914	4.7374	4.3468	4.1203	3.9715	3.8660	3.7870	3.7257	3.6767	3.6365	3.5747	3.5107	3.4445	3.4105	3.3758	3.3404	3.3043	3.2674	3.2298
8	5.3177	4.4590	4.0662	3.8379	3.6875	3.5806	3.5005	3.4381	3.3881	3.3472	3.2839	3.2184	3.1503	3.1152	3.0794	3.0428	3.0053	2.9669	2.9276
9	5.1174	4.2565	3.8625	3.6331	3.4817	3.3738	3.2927	3.2296	3.1789	3.1373	3.0729	3.0061	2.9365	2.9005	2.8637	2.8259	2.7872	2.7475	2.7067
10	4.9646	4.1028	3.7083	3.4780	3.3258	3.2172	3.1355	3.0717	3.0204	2.9782	2.9130	2.8450	2.7740	2.7372	2.6996	2.6609	2.6211	2.5801	2.5379
11	4.8443	3.9823	3.5874	3.3567	3.2039	3.0946	3.0123	2.9480	2.8962	2.8536	2.7876	2.7186	2.6464	2.6090	2.5705	2.5309	2.4901	2.4480	2.4045
12	4.7472	3.8853	3.4903	3.2592	3.1059	2.9961	2.9134	2.8486	2.7964	2.7534	2.6866	2.6169	2.5436	2.5055	2.4663	2.4259	2.3842	2.3410	2.2962
13	4.6672	3.8056	3.4105	3.1791	3.0254	2.9153	2.8321	2.7669	2.7144	2.6710	2.6037	2.5331	2.4589	2.4202	2.3803	2.3392	2.2966	2.2524	2.2064
14	4.6001	3.7389	3.3439	3.1122	2.9582	2.8477	2.7642	2.6987	2.6458	2.6022	2.5342	2.4630	2.3879	2.3487	2.3082	2.2664	2.2229	2.1778	2.1307
15	4.5431	3.6823	3.2874	3.0556	2.9013	2.7905	2.7066	2.6408	2.5876	2.5437	2.4753	2.4034	2.3275	2.2878	2.2468	2.2043	2.1601	2.1141	2.0658
16	4.4940	3.6337	3.2389	3.0069	2.8524	2.7413	2.6572	2.5911	2.5377	2.4935	2.4247	2.3522	2.2756	2.2354	2.1938	2.1507	2.1058	2.0589	2.0096
17	4.4513	3.5915	3.1968	2.9647	2.8100	2.6987	2.6143	2.5480	2.4943	2.4499	2.3807	2.3077	2.2304	2.1898	2.1477	2.1040	2.0584	2.0107	1.9604
18	4.4139	3.5546	3.1599	2.9277	2.7729	2.6613	2.5767	2.5102	2.4563	2.4117	2.3421	2.2686	2.1906	2.1497	2.1071	2.0629	2.0166	1.9681	1.9168
19	4.3807	3.5219	3.1274	2.8951	2.7401	2.6283	2.5435	2.4768	2.4227	2.3779	2.3080	2.2341	2.1555	2.1141	2.0712	2.0264	1.9795	1.9302	1.8780
20	4.3512	3.4928	3.0984	2.8661	2.7109	2.5990	2.5140	2.4471	2.3928	2.3479	2.2776	2.2033	2.1242	2.0825	2.0391	1.9938	1.9464	1.8963	1.8432
21	4.3248	3.4668	3.0725	2.8401	2.6848	2.5727	2.4876	2.4205	2.3660	2.3210	2.2504	2.1757	2.0960	2.0540	2.0102	1.9645	1.9165	1.8657	1.8117
22	4.3009	3.4434	3.0491	2.8167	2.6613	2.5491	2.4638	2.3965	2.3419	2.2967	2.2258	2.1508	2.0707	2.0283	1.9842	1.9380	1.8894	1.8380	1.7831
23	4.2793	3.4221	3.0280	2.7955	2.6400	2.5277	2.4422	2.3748	2.3201	2.2747	2.2036	2.1282	2.0476	2.0050	1.9605	1.9139	1.8648	1.8128	1.7570
24	4.2597	3.4028	3.0088	2.7763	2.6207	2.5082	2.4226	2.3551	2.3002	2.2547	2.1834	2.1077	2.0267	1.9838	1.9390	1.8920	1.8424	1.7896	1.7330
25	4.2417	3.3852	2.9912	2.7587	2.6030	2.4904	2.4047	2.3371	2.2821	2.2365	2.1649	2.0889	2.0075	1.9643	1.9192	1.8718	1.8217	1.7684	1.7110
26	4.2252	3.3690	2.9752	2.7426	2.5868	2.4741	2.3883	2.3205	2.2655	2.2197	2.1479	2.0716	1.9898	1.9464	1.9010	1.8533	1.8027	1.7488	1.6906
27	4.2100	3.3541	2.9604	2.7278	2.5719	2.4591	2.3732	2.3053	2.2501	2.2043	2.1323	2.0558	1.9736	1.9299	1.8842	1.8361	1.7851	1.7306	1.6717
28	4.1960	3.3404	2.9467	2.7141	2.5581	2.4453	2.3593	2.2913	2.2360	2.1900	2.1179	2.0411	1.9586	1.9147	1.8687	1.8203	1.7689	1.7138	1.6541
29	4.1830	3.3277	2.9340	2.7014	2.5454	2.4324	2.3463	2.2783	2.2229	2.1768	2.1045	2.0275	1.9446	1.9005	1.8543	1.8055	1.7537	1.6981	1.6376
30	4.1709	3.3158	2.9223	2.6896	2.5336	2.4205	2.3343	2.2662	2.2107	2.1646	2.0921	2.0148	1.9317	1.8874	1.8409	1.7918	1.7396	1.6835	1.6223
40	4.0847	3.2317	2.8387	2.6060	2.4495	2.3359	2.2490	2.1802	2.1240	2.0772	2.0035	1.9245	1.8389	1.7929	1.7444	1.6928	1.6373	1.5766	1.5089
60	4.0012	3.1504	2.7581	2.5252	2.3683	2.2541	2.1665	2.0970	2.0401	1.9926	1.9174	1.8364	1.7480	1.7001	1.6491	1.5943	1.5343	1.4673	1.3893
120	3.9201	3.0718	2.6802	2.4472	2.2899	2.1750	2.0868	2.0164	1.9588	1.9105	1.8337	1.7505	1.6587	1.6084	1.5543	1.4952	1.4290	1.3519	1.2539
∞	3.8415	2.9957	2.6049	2.3719	2.2141	2.0986	2.0096	1.9384	1.8799	1.8307	1.7522	1.6664	1.5705	1.5173	1.4591	1.3940	1.3180	1.2214	1.0000

Úsense estas tablas para comprobar la significación en el ANOVA.
v_1 = gl para la varianza mayor; v_2 = gl para la varianza menor.

Valores de la Prueba H de Kruskall-Wallis para dos colas.

n_1	n_2	n_3	$\alpha = 0.10$	0.05	0.01	n_1	n_2	n_3	$\alpha = 0.10$	0.05	0.01
3	2	1	4.286			5	2	1	4.200	5.000	
3	2	2	4.500	4.714		5	2	2	4.373	5.160	6.533
3	3	1	4.571	5.143		5	3	1	4.018	4.960	
3	3	2	4.556	5.361		5	3	2	4.651	5.251	6.909
3	3	3	4.622	5.600	7.200	5	3	3	4.533	5.648	7.079
4	2	1	4.500			5	4	1	3.987	4.986	6.954
4	2	2	4.458	5.333		5	4	2	4.541	5.273	7.204
4	3	1	4.056	5.208		5	4	3	4.549	5.656	7.445
4	3	2	4.511	5.444	6.444	5	4	4	4.619	5.657	7.760
4	3	3	4.709	5.727	6.746	5	5	1	4.109	5.127	7.309
4	4	1	4.167	4.967	6.667	5	5	2	4.623	5.338	7.338
4	4	2	4.554	5.455	7.036	5	5	3	5.545	5.705	7.578
4	4	3	4.546	5.598	7.144	5	5	4	4.523	5.666	7.823
4	4	4	4.654	5.692	7.654	5	5	5	4.560	5.780	8.000